RÉGÉNÉRATION

DE

LA NATURE VÉGÉTALE.

TOME Ier.

RÉGÉNÉRATION

DE

LA NATURE VÉGÉTALE,

OU

RECHERCHES SUR LES MOYENS DE RECRÉER, DANS TOUS LES CLIMATS, LES ANCIENNES TEMPÉRATURES ET L'ORDRE PRIMITIF DES SAISONS, PAR DES PLANTATIONS RAISONNÉES,

APPUYÉES

DE QUELQUES VUES SUR LE MINISTÈRE QUE LA PUISSANCE VÉGÉTALE SEMBLE AVOIR A REMPLIR DANS L'HARMONIE DES ÉLÉMENTS;

PAR F. A. RAUCH,

INGÉNIEUR EN RETRAITE.

TOME PREMIER.

2 vol. in-8°. Prix, 10 fr., et 12 fr. franc de port.

A PARIS,

DE L'IMPRIMERIE DE P. DIDOT L'AÎNÉ,

CHEVALIER DE L'ORDRE ROYAL DE SAINT-MICHEL,

IMPRIMEUR DU ROI.

1818.

C'est à tous les Souverains, à tous les Gouvernements, que j'adresse l'humble hommage de ce foible essai, parcequ'il embrasse des objets susceptibles d'influer sur le bonheur de tous les peuples confiés à leurs soins paternels.

Si dans le cours de mon travail, des malheurs qui excèdent la mesure de mes forces, n'étoient venus m'accabler coup sur coup, en comprimant les facultés de mon ame, j'aurois peut-être été assez heureux pour soutenir cet Ouvrage à la hauteur des grands intérêts qui y sont traités. Toutefois, malgré les maux qui pèsent sur moi, je me consolerai si j'ai pu avoir le bonheur d'offrir quelques vues utiles.

INTRODUCTION.

EXPOSITION DU PLAN ET DE L'ESPRIT
DE CET OUVRAGE.

Les lois harmoniques de la nature, de
cette mère nourricière de tous les êtres,
sont interverties par de longs siècles de
mutilations. Nos belles montagnes, sont
dépouillées du brillant vêtement de ces
forêts majestueuses, qui les couvroient
de leurs ombres protectrices; les météores déchaînés, ne s'annoncent plus
que par des ravages et de sinistres mu-
gissements; avec nos antiques forêts sont
disparues ces races nombreuses d'animaux, dont la présence manque au primitif éclat de la création.

Les sources tributaires de nos ancêtres semblent se dessécher; les ruisseaux
ne s'écoulent plus qu'avec lenteur; nos

rivières stagnantes forment de nuisibles marécages; les urnes de beaucoup de nos vieux fleuves ne versent plus leurs belles eaux que par intermittences.

Des vents naguère inconnus, à qui les déboisements de nos montagnes ont donné une existence moderne, ravagent aujourd'hui tous les pays; l'inclémence croissante des températures et des saisons arrête par-tout la volonté libérale de la nature; la terre perd tous les jours quelque élément de sa fécondité; de son sein que de continuelles mutilations dénaturent, sortent les cohortes de maladies, dont la triste influence flétrit le charme de notre existence passagère; par-tout les arbres nourriciers sont enlevés aux campagnes découvertes, et bientôt les bois nous manqueront pour nos constructions, pour la préparation de nos aliments, et pour adoucir les rigueurs de nos hivers.

Les fleuves, les rivières et les ruisseaux ne possèdent pas le vingtième des poissons que leurs eaux pourroient nourrir; tandis que tous les pays du globe, nous offrent des tribus nouvelles, qui pourroient ajouter à nos richesses.

La nature flétrie dans ce qu'elle avoit reçu de plus gracieux de la création, demande à être régénérée et à reprendre son ancien vêtement végétal; elle est prête à décorer la terre de nouveaux paysages, à répandre par-tout la vie et la sérénité. Les vents, les pluies et les orages, peuvent rentrer encore dans le cercle de leurs fonctions primordiales; les climatures reprendre leurs chaleurs premières, et les saisons leur route astronomique. Ce triomphe du génie de la réproduction sur celui de la destruction et du chaos; cette conquête de l'empire de la fécondité, conquête la plus durable et la

plus glorieuse, puisqu'elle tend à rétablir, à embellir l'œuvre de Dieu, est aujourd'hui le vœu de tous les Princes et de
tous les Gouvernants, elle ne peut que se
réaliser pour la gloire et le bonheur de
la nature humaine.

Ce n'est pas la première fois que j'a-
borde cette importante matière : déja,
en 1791, lorsqu'on agita en France la
question de l'aliénation des forêts, je
crus devoir publier un écrit, dont le but
étoit de prouver que les forêts ne devoient pas être considérées seulement
dans leur état de destruction et de mort,
c'est-à-dire dans l'état où elles nous fournissent des bois ; mais principalement
sous le rapport intime qu'elles ont avec
l'économie rurale, et sous le point de
vue de leur influence incontestable sur
l'accord des éléments ou des météores
qu'elles vivifient et qu'elles dirigent : je

passai en revue les différentes richesses et tous les bienfaits que nous devons aux forêts dans leur état de vie. De nouvelles observations m'ont confirmé dans ma manière de voir : de nouvelles démonstrations se sont offertes à mon esprit, et je mis au jour, en 1802, la première édition de l'ouvrage que je fais réimprimer aujourd'hui avec des changements, et, j'ose le croire, des améliorations notables.

Cette première édition avoit pour titre : *Harmonie hydro-végétale et météorologique*. Quoique ce titre fût caractéristique, et qu'il énonçât les corrélations visibles qui existent entre le *soleil*, les *eaux*, les *végétaux*, les *montagnes* et les *météores*, qui concourent, dans leurs combinaisons, à la formation des grands phénomènes de la nature, il avoit été jugé trop long : je l'ai donc remplacé xij

par celui de *Régénération de la nature végétale* (1).

Ce titre est également exact, parce-qu'à la *régénération végétale* s'attache réellement le retour de l'harmonie des éléments et des primitives consonnances de la création. Ayant donc à parler des changements arrivés dans la marche des météores, par la destruction de partie des grands boisements du globe, je présente des vues générales relatives à l'in-

____

(1) Le mot de *Régénération*, ayant aussi excité une sorte de prévention, j'étois prêt à en faire le sacrifice, et à le remplacer par le titre tout simple de *Nature Végétale*; mais réfléchissant que ce n'est qu'en régénérant la nature végétale, détruite en grande partie, qu'on peut reconquérir les premiers bienfaits de la création, et qu'il est cependant raisonnable d'attacher à la chose le nom qui lui appartient, j'ai cru devoir conserver le mot de *Régénération* : l'ensemble de l'ouvrage fera voir si je me suis abusé.

fluence que les forêts exercent sur l'augmentation ou la diminution des eaux vaporisées; au refroidissement ou au desséchement de la terre; à l'altération des climatures et même des saisons; aux effets funestes qui sont résultés des déboisements, en Asie, en Afrique, en Amérique, résultats encore plus sensibles en Europe, et qui réclament l'attention de tous les Gouvernements, de tous les peuples.

J'indique en même temps des moyens naturels, et dont l'emploi facile pourroit adoucir les maux présents, et amener peu-à-peu le rétablissement de l'accord primordial des éléments, tellement altéré, par degrés, depuis les premiers âges du monde, que l'homme, à qui le souverain créateur avoit donné avec munificence la jouissance de tous les biens créés, est menacé de ne plus exister que dans les privations et les souffrances.

A ces vues se lie naturellement la possibilité de rendre les pluies plus uniformes et plus régulières; de diminuer
avec les grêles la violence des tempêtes et
des ouragans terrestres; d'assurer d'une
manière plus constante les récoltes, et
sur-tout celles si précaires, on peut même
dire rétrogrades, de la vigne, du mûrier
et du précieux olivier; de diminuer les
inondations dans tous les pays; d'enrichir les eaux de nos fleuves, de nos ruisseaux et de nos lacs, de tous les poissons
des différents continents; d'assainir, de
fructifier les marais, les landes et les
pays incultes; de procurer constamment
les approvisionnements nécessaires en
bois de chauffage; de les séparer d'avec
les bois de construction et les arbres
nourriciers; enfin, de vivifier, d'embellir
la nature, en doublant la richesse des
campagnes, par une organisation végétale qui réfléchiroit les plus riantes scènes
sur la terre.

Telles sont les vues que j'offre à mon pays, j'oserai dire à tous les pays, parcequ'elles sont relatives à toutes les contrées, à tous les climats. Ce n'est nullement un ouvrage de science; mais le simple résultat d'observations physiques, d'une évidence si palpable, d'un ordre si naturel et tout à-la-fois si intéressant, que, malgré leur généralité et l'étendue de leurs rapports, chaque État pourra les regarder comme lui étant propres, et comme pouvant contribuer immédiatement à sa prospérité.

Jamais époque plus heureuse n'est venue sourire aux peuples : aux longues tempêtes politiques, qui avoient ébranlé et mis en tourmente l'Europe entière, a succédé un esprit pacifique, avec le besoin général de réparer les calamités causées par une guerre de destruction.

L'union intime, et sans exemple encore dans les annales du monde, de tous

les souverains de l'Europe ; un phénomène non moins vrai, non moins digne
d'être remarqué, l'intention magnanime
où, aux yeux de tous les hommes observateurs, sont ces mêmes princes, de
s'occuper, en commun comme en particulier, de l'application des principes
qui peuvent rendre les peuples plus heureux : tout concourt à faire naître les
plus flatteuses espérances.

Pénétré de la riante perspective des
réalités qui vont enfin succéder aux beaux
rêves des hommes de bien, je viens renouveler mon humble offrande de 1802,
accueillie dès-lors favorablement, ainsi
que l'attestent les lettres qui suivent. Si,
malgré des guerres continuelles qui ont
absorbé presque tous les soins de l'Administration, il y a peu de cantons en
France qui ne montrent aujourd'hui des
milliers d'objets fructueux, qui ont été
l'heureux résultat de la première publi-

cation de cet ouvrage, il peut m'être permis d'espérer que, plus riche en matière,
la seconde publication aura, sous tant
de favorables auspices, une destinée encore plus heureuse et une utilité plus
générale.

*Nota. Une gravure devoit précéder chacun
des chapitres, et présenter l'image des sujets
qui y sont traités ; mais ne me trouvant pas
en état de suffire à une dépense aussi considérable, j'ai dû me borner avec regret à y suppléer par la description.*

EXTRAIT PAR ORDRE DE DATES, DE PARTIE DES LETTRES ÉCRITES A L'AUTEUR SUR LA PREMIÈRE ÉDITION DE CET OUVRAGE.

———

Lettre de M. CADET DEVAUX, *en date du* 10 *avril* 1802.

Agréez, je vous prie, Monsieur, tous mes remercîments, pour le *don* que vous me faites de votre excellent ouvrage ; je vous en devrois même sans ce *don*-là, puisque sa publicité seule en est déjà un pour les amis des sciences et de leur pays.

J'avois fait *cent pas* dans la carrière ; vous en avez fait *cent mille*. J'y ai donné trois matinées ; vous y consacrez l'expérience d'une vie entière : le grand fleuve n'a pas méprisé l'humble source, puisque vous recevez dans vos eaux le filet qui m'est échappé.

Nous défendons la meilleure et la plus grande cause ; mais la gagnerons-nous ? Faisons des vœux pour que cette vaste conception s'empare de l'esprit de tous les Gouvernements.

Agréez, Monsieur, etc. etc.

Signé CADET DEVAUX.

Les Administrateurs généraux des Eaux et Foréts, en date du 6 mai 1802.

Nous avons reçu, Monsieur, avec la Lettre que vous nous adressez, un exemplaire de votre *Harmonie-Hydro-Végétale et Météorologique.*

Les objets que vous y considérez, les observations qui y sont consignées, les faits que vous y avez recueillis, appellent *l'attention* et commandent *l'intérét.* La publicité de cet ouvrage (dont nous faisons prendre six exemplaires) ne peut que contribuer à répandre efficacement le goût des plantations. Il seroit difficile qu'on restát insensible aux tableaux que vous tracez à cet égard.

Nous vous prions, Monsieur, d'agréer tous nos remercimens, etc. etc.

Signés BERGON, CHAUVET, ALLAIRE, GOSSUIN.

———————

Lettre de M. le Chevalier D'AZARA *, Ambassadeur de la Cour d'Espagne, en date du* 14 *juin* 1802.

Monsieur, j'ai reçu avec beaucoup de plaisir l'ouvrage que vous venez de publier sur l'importance de l'amélioration des boisemens, et que vous avez eu la générosité de me présenter, pour que je le fasse connoître à ma Patrie.

Je le ferai d'autant plus volontiers, que je suis persuadé que les malheurs des *trois quarts* des provinces de l'Espagne, procèdent de l'abandon et même de la barbarie avec laquelle on y a coupé les bois.

Le sol de Madrid, qui est aujourd'hui le plus aride de l'Europe, étoit, il y a deux siècles, le plus abondant en bois, et c'est à cela qu'on y doit l'établissement de la Cour dans cet endroit-là. Aujourd'hui on fait venir de

5o lieues le charbon pour la consommation
de la ville.

Recevez, Monsieur, mes remercîments
personnels, et soyez persuadé de ma grati-
tude, etc. etc.

Signé J.-N. D'AZARA.

Lettre de M. le Comte COBENTZEL, *Ambassadeur de la Cour d'Autriche, en date du* 15
juin 1802.

Monsieur, je me charge très volontiers de
faire parvenir à SA MAJESTÉ L'EMPEREUR ET
ROI, mon auguste maître, l'ouvrage que vous
avez bien voulu m'adresser, avec votre Lettre
du 6 de ce mois.

La manière aussi neuve qu'intéressante,
dont vous avez traité un sujet très important
pour la prospérité des États, ne peut manquer de mériter à votre travail les suffrages
des connoisseurs, et exciter le développement
de tous les moyens que vous suggérez, pour
féconder une des branches les plus essentielles
de l'économie politique.

xxij

J'ai lieu de croire, Monsieur, que l'hommage que vous offrez à SA MAJESTÉ, sera apprécié, sous ce point de vue, et dans cette attente, je vous prie d'agréer les assurances de ma parfaite considération.

Signé le Comte DE COBENTZEL.

Lettre de M. le Chevalier DE SOUZA *, Ambassadeur de la Cour de Portugal, en date du 18 juin 1802.*

Monsieur, j'ai reçu le Livre bien intéressant, que vous m'avez fait l'honneur de m'adresser pour être offert à SON ALTESSE ROYALE LE PRINCE-RÉGENT DU PORTUGAL, et dont je m'empresserai de lui en offrir l'hommage. La protection qu'elle accorde aux Lettres, en Portugal, vous est un sûr garant du prix que SON ALTESSE ROYALE mettra à un ouvrage qui peut contribuer au bien général de ses États.

Je vous dois aussi, Monsieur, des remercîments particuliers pour l'exemplaire dont vous avez bien voulu me gratifier : j'ai été

très sensible à l'attention qui vous y a porté.
Le desir de le lire bientôt, m'a fait seulement
différer de vous offrir cette expression de ma
reconnoissance, que je vous dois encore pour
le plaisir que cette lecture m'a procurée, *et
particulièrement sous le point de vue de l'utilité dont cet ouvrage peut être pour tous les
pays méridionaux.*

Agréez, Monsieur, etc.

Signé D. JOSEPH-MARIE DE SOUZA.

Lettre de M. le Baron DE TREYER, *Ambassadeur de la Cour de Danemarck, en date
du 18 juin 1802.*

Monsieur, j'ai reçu la Lettre que vous
m'avez fait l'honneur de m'écrire le 10 de ce
mois, par laquelle vous me faites connoître
la destination que vous desirez donner à un
exemplaire de votre ouvrage.

J'ai attendu une occasion sûre pour satis-
faire vos souhaits, de faire parvenir cet exemplaire à SA MAJESTÉ LE ROI mon maître, et je
suis bien assuré qu'il sera reçu avec tout l'in-

térêt que l'objet important sur lequel vous avez dirigé vos recherches, doit exciter partout. Le succès que vous avez déjà obtenu en France, est une heureuse présomption de l'estime que les étrangers accorderont à un travail de cette nature.

Recevez, Monsieur, etc. etc.

Signé DE TREYER.

———————

Lettre de M. le Marquis DE LUCHESSINI, *Ambassadeur de la Cour de Berlin, en date du 21 juin 1802.*

Monsieur, j'ai reçu avec votre lettre l'exemplaire de l'*Harmonie-Hydro-Végétale*, dont vous me priez d'en offrir l'hommage à S. M. le Roi mon auguste maître; je le ferai avec une satisfaction d'autant plus grande que je me suis assuré, par la lecture de l'exemplaire dont vous avez daigné me gratifier, que vous avez traité avec un mérite remarquable, et dans le cadre le plus vaste, tous les sujets qui se lient le plus immédiatement à la félicité publique des nations; car abriter, embellir et enrichir les campagnes, repeupler les ruisseaux et les fleuves, forment partie des vues principales de votre bel ouvrage.

La Prusse se déboise et se découvre tous les jours plus, comme toutes les contrées du nord aux *vents Boréens*; leur règne glacial devient de plus en plus destructeur, et les climatures et les saisons se trouvent visiblement altérées par ces causes funestes. Les vues aussi neuves qu'importantes que vous émettez, Monsieur, sur cette haute physique, sont bien dignes de fixer l'attention de tous les Gouvernements, et de mériter une reconnoissance générale à vos utiles travaux.

Agréez, Monsieur, etc., etc.

Signé Lucuessini.

Lettre de M. DE SERRISTORY, *Ambassadeur de la Cour d'Étrurie, en date du 22 juin 1802.*

Monsieur, j'ai reçu, avec la lettre dont vous m'avez honoré le 17 de ce mois, l'exemplaire de votre ouvrage, que vous desirez faire parvenir à S. M. le Roi d'Étrurie. Je ne manquerai pas de le lui envoyer, persuadé qu'il fixera son attention, ayant pour but *l'utilité publique et l'avantage de tous les pays.*

Je ne puis, en mon particulier, qu'applaudir aux vues de l'auteur, qui sont dignes d'être accueillies par tous les Gouvernements, et qui doivent lui mériter l'estime générale.

J'ai l'honneur, Monsieur, etc., etc.

Signé DE SERRISTORY.

Lettre du PRÉFET *du Haut-Rhin, en date du* 1ᵉʳ *avril* 1803.

J'ai reçu, Monsieur, votre lettre du 22 mars et l'exemplaire de *l'Harmonie-Hydro-Végétale* que vous avez bien voulu y joindre. Agréez, je vous prie, mes remercimens les plus sincères, pour tout ce que votre lettre contient d'obligeant et de flatteur sur mes essais en plantations, et pour tout le plaisir que me procure la lecture de votre intéressant ouvrage.

Vous commandez, Monsieur, autant par la richesse et l'élégance de votre style que par la solidité de vos principes, ce que l'Administrateur le plus zélé obtient toujours si péniblement de l'insouciance des hommes, pour tout ce qui ne promet que des jouissances éloignées. C'est à l'aide de votre livre, et en me pénétrant des préceptes utiles qu'il renferme, que je travaillerai avec encore plus d'ardeur et de succès, à orner, à enrichir ces belles contrées.

Vos leçons et vos lumières concourront puissamment à la restauration d'une des branches les plus importantes de l'Administration, *celle des forêts :* les mettre en pratique sera pour moi un plaisir autant qu'un devoir; et les avantages qui en résulteront pour mon département seront un hommage de plus rendu à la sagesse des vues que vous avez développées dans votre excellent ouvrage.

J'ai l'honneur, etc.

***

Lettre de M. le Baron DE TURPIN, *ancien Officier supérieur du Génie, écrite de Vienne le 5 décembre* 1807.

Je desire bien sincèrement que vous interprétiez, en bon parent, mon silence d'une manière qui puisse nous convenir à tous deux : à vous, comme auteur, vous avez sans doute pensé que ce ne seroit qu'après une lecture bien méditée de ma part que je pourrois vous parler de l'admiration que me cause le sujet que vous traitez si élégamment : j'abonde dans votre sens, et je vois, avec le charme dans le cœur, les races futures se régénérer à l'ombre des forêts et des plantations gracieuses que vous prêchez d'une manière si irrésistible.

Vous avez fort heureusement soulevé le voile immense des attractions qui constituent l'harmonie de notre univers : tous les observateurs des admirables phénomènes de la nature les sentoient comme des puissances invisibles, mais n'osoient en parler, parcequ'ils ne pouvoient les soumettre aux preuves de la démonstration : de là le silence des physiciens sur des influences qui méritoient le plus notre étude et notre méditation.

En prononçant, mon cher neveu, le mot encore modeste de *corrélations*, qui existent entre les *eaux*, les *forêts*, les *montagnes* et les *météores*, vous avez ouvert une physique nouvelle, et le plus vaste champ aux observations qui doivent suivre les vôtres.

Ce que vous dites avec tant de grace sur les sympathies, les antipathies, les amitiés et les inimitiés qui existent dans le règne végétal aussi bien que dans le règne animal, est infiniment attachant.

Vous proposez de ceindre tous les lieux

éminents de forêts nouvelles en arbres résineux, pour atténuer le règne des vents froids
sur-tout, et adoucir les climatures altérées :
ce grand secret de la nature, que vous avez
pénétré et mis au jour, est le fruit d'un profond observateur. Vous dites, avec non moins
de justesse, que plus les bois seront régulièrement disséminés, plus les pluies seront uniformes et régulières : vous donnez en cela la
solution du plus important problème *météorologique* qui puisse influer sur le bonheur de
la société, et qui doit déterminer toutes les
puissances de la terre à s'en occuper avec prédilection. Heureux le Gouvernement qui aura
la sagesse de s'en occuper le premier !

La juste importance que vous attachez à
la conservation des arbres nourriciers, et les
moyens que vous proposez sur la multiplication des poissons dans les eaux du continent,
complètent l'ouvrage le plus utile et le plus
intéressant que j'aie encore lu. Vous m'étiez
déja cher par l'alliance qui nous unit, vous
me l'êtes devenu encore plus par les douces
jouissances que la lecture de votre ouvrage
m'a procurées : je vais me retirer dans ma

terre en Bohême, pour le méditer sans cesse.
Vous m'avez rendu la nature et plus belle et
plus chère : mille graces vous en soient rendues.....

Agréez, etc., etc., etc.

P. S. Je vous renvoie la Lettre de M. *le Comte de
Cobentzel,* comme un monument digne de votre ouvrage.

TABLEAU DU PREMIER CHAPITRE.

Ce tableau sera double : d'un côté on verra un pays ravissant ; des bois-palmiers peuplés d'oiseaux ; des rochers tapissés de verdure, et versant l'eau par cascades. Des patriarches, entourés de leurs troupeaux, offriront sur une éminence, un holocauste à l'Éternel, qui éclairera d'un vif rayon un autel agreste.

On lira au bas :

Pere de la nature, reçois l'hommage de notre reconnoissance !

Dans l'autre partie seront représentés les sites du même pays, sans bois ; les rochers dépouillés de leurs vêtements, privés de cascades ; la terre sans ombrages, brûlée par le soleil ; les animaux et les oiseaux fuyant dans le lointain. Les patriarches reparoissant sur la première éminence, et trouvant l'autel de leurs sacrifices renversé.

On lira au bas :

Grand Dieu ! tout a disparu !

RÉGÉNÉRATION

DE
LA NATURE VÉGÉTALE.

CHAPITRE PREMIER.

Vues générales sur l'état primitif des forêts. Leur influence sur les eaux vaporisées, sur les climatures, les inondations irrégulières, les tempêtes et les ouragans terrestres.

Lorsque notre planète sortit du souffle créateur, tout ce qui fut nécessaire, beau, parfait, indispensable, étoit accompli. La loi éternelle des attractions réciproques, eut avec l'action du soleil, pour agents principaux, les mers, les montagnes, les météores et les forêts, dont les corrélations intimes et continues, devoient entretenir l'harmonie des éléments, pour la conservation de toute la nature.

A l'exception des parties occupées par les eaux, les prairies, les glaciers et les hauts pitons électriques et métalliques, les forêts paroissent avoir originairement couvert toute la surface du globe, pour y remplir leur éminent ministère.

Dans les régions chaudes, se sont trouvés depuis l'équateur jusqu'au quarantième degré de chaque hémisphère, le superbe et fructueux bananier, les giroffliers, les poivriers, les muscadiers, les canneliers aromatiques, avec les riches familles de palmiers, les bois de rose, de sapan, d'aigle, d'ébène, de sandal, d'aloës, de benjoin, de calamba, de magnoliers, de limoniers, de citronniers, d'orangers, etc. qui, réfléchissant dans leur pompe le riche éclat de la création, sont destinés à délecter l'homme, à em-

baumer la terre de leurs suaves parfums,
et à rafraîchir de leur verdure perpétuelle
ces belles, mais ardentes contrées, qui
privées de ce bienfait, ne pourroient être
habitables sans souffrance.

Dans les pays du Nord, et en général
dans les régions froides et élevées, on voit
au contraire d'autres arbres verts et toujours odorants, tels que les cèdres, les
familles variées des pins, des sapins, des
cyprès, des ifs, des grands genévriers,
des thuyas, et même les mélèzes, entou-
rant, comme des barrières, de leur sombre verdure, les régions des neiges et des
glaciers, destinés à répandre aussi l'encens de leurs résines et à conserver aux
climatures, par leurs masses serrées et
leur verdure immuable, la chaleur indis-
pensablement nécessaire pour maintenir
tout ce qui doit vivre et végéter dans ces
zones plus éloignées du soleil.

Les zones intermédiaires et tempérées,

placées entre les 40° et 52° degrés, ont reçu avec la même munificence, tout ce qui devoit concourir à la conservation harmonique de ces douces latitudes, au moyen de l'ordonnance de leurs montagnes, de la distribution de leurs ondes, du choix et de la somptuosité de leurs végétaux.

Tout étant créé et coordonné par la sagesse éternelle; la terre a vu, dans son admirable origine, ses montagnes, ses coteaux et partie de ses plaines, magnifiquement couronnés de forêts destinées à nourrir, à protéger tout ce qui devoit respirer sous leur vivifiante influence; alors sortant vierge des mains du créateur, elle avoit sa chaleur et ses graces virginales; les éléments obéissoient aux diverses lois de leur création; les eaux avoient leur cours et leur fraîcheur pure; les températures et les saisons leur heureuse régularité; le soleil et les vents alizés leurs salutaires fonctions; les animaux leur abri, leur litière et leur nourriture; l'homme placé sous le trône de la création, avoit ses délectables vergers, ses frais ombrages, ses fruits savoureux, un air suave et embaumé, enfin un spectacle céleste et rayonnant de majesté.

Dans cette pompe naissante du monde, où la splendeur de la création, se dessinoit par la somptuosité de sa magnificence, l'homme étoit dans le ravissement; la nature étoit pleine de mystères et de symboles merveilleux pour lui; l'ame s'enivroit dans l'enchantement des inspirations les plus élevées; tout ce qui existoit étoit grand sous le charme des pensées les plus imposantes; tout respiroit *l'adoration*, parceque tout montroit la présence et l'ineffable bonté de Dieu.

Aujourd'hui une partie du charme de la vie est détruit; la terre a été insensiblement dégradée; près de moitié des

forêts, de ce brillant manteau de la nature, étant détruite, les lois de l'attraction ont dû éprouver une interversion
successive. Des vides immenses se sont
ouverts à l'action trop immédiate du soleil, et ont donné naissance à des courants, à des vents nouveaux. L'action des
mers ayant perdu son appui attractif et
correspondant des forêts, l'ordre des saisons et la marche des météores, ont dû
s'éloigner tous les jours davantage des
lois primitives.

Le soleil, dans son cours immuable,
pompe constamment la même masse
d'eaux, du sein des mers, des lacs, des
fleuves et des terres; et ces eaux, soit
qu'elles se fixent sur les pôles ou sur les
glaciers des hautes montagnes, soit
qu'elles tombent en forme de pluies ou
de neiges, ou qu'elles soient aspirées par
les forêts et les innombrables familles
de végétaux, retournent aussi réguliè-

rement à leurs sources éternelles et premières.

L'évaporation calculée de toutes les
eaux du globe, est d'environ *quarante-
sept mille dix-neuf milliards, sept cent
quatre-vingt-six millions* de tonnes
d'eau par jour : ce qui correspond à vingt
pouces sept lignes de hauteur moyenne
d'eau pour toute la surface de la terre
par an.

Si dans l'étonnement où nous jette ce
grand spectacle, on cherche vainement
à s'expliquer l'admirable mission de ces
prodigieuses masses d'eaux vaporeuses
qui s'élèvent et se remplacent journellement à toutes les zones de l'atmosphère ;
de ces sources élevées du vaste océan,
qui circule une seconde fois autour de la
terre, pour l'embellir, la rafraîchir et la
féconder, et comment la nature si mer-
veilleuse dans ses rapports, les ramène
avec sa régularité à leurs premiers réser-

voirs, on sait du moins aujourd'hui, à
n'en pouvoir plus douter, que les bruis-
santes forêts, qui correspondent avec le
soleil, les mers et les montagnes, exercent le plus puissant empire sur les météores aqueux, avec lesquels elles paroissent avoir des affinités si intimes, qu'il
semble qu'à leur existence, tiennent
toutes les consonnances qui lient le règne
végétal à l'harmonie des éléments.

Les arbres peuvent être considérés,
comme les siphons intermédiaires, entre les nuages et la terre; de leurs cimes
attractives ils commandent au loin aux
eaux voyageuses de l'atmosphère, de
venir verser dans leurs urnes protectrices, les eaux qui doivent nourrir les
sources, faire couler les ruisseaux, rafraîchir les vertes prairies et féconder les
germes confiés à la terre; comme de leurs
racines aspirantes, ils transmettent par
réciprocité du sein de la terre, les fluides

surabondants nécessaires aux régions supérieures.

La corrélation qui existe entre les végétaux et les météores aqueux, est démontrée à nos sens; d'habiles physiciens ont constaté, par des expériences aussi ingénieuses qu'intéressantes, dans quelle proportion les végétaux absorbent, par une attraction qui leur est propre, les flots d'eau vaporisée qu'ils distillent ensuite sur la terre : il résulte de ces expériences, que la masse d'eaux que les forêts et tous les végétaux aspirent et respirent *est immense;* et comme la nature économe ne fait rien en vain, elle rend la même quantité par les fleuves et par la transpiration de ces végétaux, pour former les rosées, les brouillards et de nouveaux nuages (1).

____

(1) Un pommier-nain arraché en feuilles a, dans l'espace de douze heures d'un temps chaud, pompé jusqu'à seize livres d'eau.

Notre hémisphère et les montagnes sur-tout, ne possédant plus la moitié des forêts qui les couronnoient, et le soleil élevant invariablement la même masse d'eaux dans les airs, que dans les premiers instants de la création, on doit songer avec effroi ce que peuvent, ce que doivent devenir ces mers suspendues, lorsque les végétaux diminués, sur notre continent sur-tout, ne peuvent plus en pomper la moitié.

On sait déjà que l'équilibre étant ainsi interverti dans le cours des météores, les grandes forêts encore existantes en Afrique et en Amérique, attirent, comme celles de la Guiane, des torrents d'eau, qui se déversent sur ces contrées, pendant quatre et six mois comme des dé-

---

Un arbre moyen soutire, par la force de succion de ses feuilles, de ses branches, et de son écorce, 40 et 50 livres d'eau par jour. (*Statique des végétaux.*)

luges; mais ces pays si long-temps noyés pour nous, ne peuvent recevoir que la plus foible partie de ces masses journellement transportées dans les airs, et chassées par celles qui sans cesse leur succèdent : elles avoient dans l'œuvre du Tout-puissant une destination fixe, bienfaisante, dont l'homme a successivement dénaturé l'emploi.

Une partie de ces eaux, attribuée autrefois à la terre pour la féconder, ne pouvant plus s'abattre en l'absence de ces millions de siphons qui en régloient le cours, suit aujourd'hui la route de celles qui étoient éternellement destinées aux pôles et aux glaciers des hautes montagnes, pour alimenter les réservoirs des mers et des fleuves.

Si l'on considère que notre pôle, est déja chargé d'une coupole de glaces de quatre à cinq mille lieues de circonférence, qu'un océan immense de neiges et de lacs glacés entoure pendant huit mois cette étonnante coupole, sur plus de six mille lieues de contour, et à plus de deux cents lieues de profondeur de continent; que de ce pôle il sort, par les nombreuses bouches de ses abymes, des îles flottantes de glaces élevées comme des montagnes, nombreuses comme des archipels, et qui souvent échouent *à douze cents pieds de profondeur,* pour venir rafraîchir et nourrir les mers du midi, on pourra se former une idée des froides influences que peuvent exercer les vents condensés, venant d'un de ces méridiens de quatre cent cinquante lieues de rayon de glaces, sur les vides formés par le départ des forêts, et dans des pays où un air plus chaud, plus raréfié, doit par les lois naturelles de la physique les attirer sans cesse.

Ce soleil de glaces, cet astre des lumières boréales, qui se refrangent si magnifiquement dans le ciel, souvent sur un rayon de mille lieues de longitude, pour éclairer et récréer des brillantes couleurs de la zone torride des régions obscures, silencieuses et solitaires, se trouvât-il dans les dimensions primitives de l'harmonie du monde, il exerceroit déja sa froide influence sur les températures du reste de l'hémisphère, par le vide des forêts, qui s'étend en Europe à au moins les deux tiers de sa surface. Quels effets ne doit-on pas en redouter lorsque ses dimensions s'étendent successivement au-delà de ces proportions primordiales?

L'Europe entière présente environ *neuf cent millions d'arpents* en surface déboisée (1); un vide aussi immense dans les végétaux, à qui la législation des mé-

---

(1) La France et la péninsule comptent déja seules près de 200 millions.

téores semble avoir été spécialement con-
fiée par la Providence, a dû successivement diminuer l'attraction des eaux vaporisées dans la même proportion, et
laisser échapper une grande quantité de
celles qui étoient destinées à arroser la
terre, pour s'enfuir et se fixer dans des
lieux où elles tendent sans cesse à la refroidir graduellement.

Comme il est de nécessité absolue,
pour la conservation de notre univers,
que le soleil pompe sans aucun intervalle
de temps; que ces vapeurs élevées dans
toutes les régions de l'atmosphère remplissent une destination sans jamais s'arrêter; comme une route éternelle est
tracée à celles qui doivent alimenter les
grands réservoirs des mers et des fleuves
du monde, on doit craindre que la portion dont la terre se trouve aujourd'hui
privée, ne suive celle qui se rend aux
pôles et aux glaciers des montagnes, pour

en étendre et grossir la masse aux dépens de la vie animale et végétale.

Supposons au *minimum*, que ces eaux qui nous étoient départies, par l'attraction des végétaux qui n'existent plus, ne prissent place au pôle et sur les glaciers de nos montagnes que pour la *millième partie* seulement ; ce seroit encore l'effrayante quantité *de vingt-quatre milliards* de tonnes d'eaux par jour, pour notre hémisphère, qui, au lieu de fertiliser la terre, vont menacer l'existence de l'homme avec tout ce qui lui est associé, du haut de ces trônes de glaces et de frimas, destinés jadis à entretenir la vie et le mouvement dans la nature entière.

Cette observation conforme aux lois physiques qui régissent le globe, n'est malheureusement plus une hypothèse, une simple supposition ; elle est déja visiblement une effrayante réalité.

Si les dimensions de la coupole de glaces du pôle boréal sont trop immenses pour que l'homme puisse les évaluer et les comparer; si nous ne pouvons en juger que par quelques signes d'agrandissement de ce sombre domaine, que le voyageur intrépide aperçoit aux détroits de Vaigats, de Davis, de Hudson, de Baffin et du Nord, d'où se dégorgent en mugissant les larges et profondes sources des mers, et par le mouvement rétrograde des animaux et des végétaux, du moins possédons-nous dans l'agrandissement des glaciers de nos montagnes, plus faciles à observer et à saisir le thermomètre certain de l'agrandissement des pôles, parceque existant sous les mêmes lois, ils croissent et décroissent par les mêmes phénomènes.

Or, voici ce que l'on marque sur les glaciers de la Suisse : la Société helvétique des sciences naturelles propose un prix de 600 fr., un de 300 fr. pour les deux Mémoires qui lui parviendront sur cette question :

« *Est-il vrai que les hautes Alpes de la Suisse soient devenues plus âpres et plus froides depuis une certaine série d'années ?*

« Les partisans de l'opinion affirmative allèguent, *d'après des monuments historiques*, que des pâturages ont existé dans des lieux élevés, aujourd'hui stériles ; que les arbres ont abandonné des hauteurs autrefois boisées ; que la ligne des neiges est moins élevée ; *que les glaciers sont plus étendus.*

« Il s'agit d'examiner ces faits, de chercher s'ils tiennent à des accidents locaux, ou s'ils forment un système général, etc. »

Non, ce n'est point par un *système général* entré dans la pensée divine de la création, que notre pôle et les glaciers de nos hautes montagnes augmentent en étendue dans le domaine des glaces et des neiges, pour refroidir successivement la terre ; notre globe est sorti accompli des mains de l'architecte éternel, comme les millions de sphères et de soleils, qui roulent à ses pieds, dans l'éternelle harmonie de tous les éléments conservateurs ; mais l'homme ayant dégradé l'œuvre de Dieu, dans un des plus puissants agents harmoniques de la nature, il en est averti par les souffrances qui le menacent et l'atteignent déja.

C'est, au contraire, par résultat de la destruction des forêts, comme *abris* contre les vents boréens, et comme *siphons* des eaux vaporisées, que les glaciers doivent augmenter tous les jours davantage, jusqu'à ce que l'homme, qui a été l'aveugle instrument de cette destruction, comme il en est l'aveugle victime, vienne à réparer par ses travaux

les outrages faits à la création, et con-
jurer les maux prêts à l'accabler.

Je ne parlerai point de la grande catastrophe, qui deviendroit possible, si
notre pôle continuoit à augmenter en
poids et en grosseur, au point d'éprouver un dérangement dans son équilibre
et dans l'écliptique : malheur qui seroit
d'autant plus à craindre, que le pôle
austral n'est pas en proportion sujet aux
mêmes phases.

On pressent déja, en considérant le
déboisement des montagnes et l'agrandissement des glaciers, les causes de ces
inondations subites, prolongées, inat-
tendues, si souvent renouvelées dans
une même année, qui bouleversent les
travaux des hommes, et marquent par
des traces de destruction, dans les pays
qui avoisinent les hautes montagnes, les
glaciers et les fleuves qui y ont leurs sources ; mais avant de traiter ce sujet, expo-

sons quelques vues générales sur l'effet
des abris.

Les foréts considérées comme abris.

L'effet des abris, trop palpable à nos
sens, n'a jamais pu être l'objet d'un doute;
l'usage en est généralisé dans nos jardins;
par un simple mur on arrête, on fixe
d'une part les rayons solaires, pour obtenir les meilleurs et les plus beaux fruits,
tandis que derrière on arrête les influences ennemies de ces productions. Les
rayons solaires élastiques comme l'air qui
nous les transmet, sont flexibles, dociles,
et s'offrent à notre volonté, à conserver
des climatures prêtes à s'éteindre, à recréer celles mêmes qui sont détruites.

Le Jardin royal des plantes de Paris,
où la science, toujours d'accord avec la
nature, laisse entrevoir quels pouvoient
avoir été les charmes de la terre dans
son origine, et combien il seroit facile

de les lui rendre, présente plusieurs exemples de hautes palissades de thyas, de
grands genévriers, entremêlés de genêts
d'Espagne, et d'autres arbres toujours
verts, destinés à abriter, contre les vents
froids, les plantes délicates ou exoti-
ques.

Ces jolis encadrements, qui embellissent le site, entretiennent constamment
dans leur enceinte une température plus
douce qu'elle ne se trouve être dans les
parties extérieures, en offrant en même
temps une végétation plus précoce et plus
soutenue.

Mais nous avons, pour l'intérêt de la
société, à étendre ces observations sur
une échelle plus grande et un champ plus
vaste. Depuis les rivages de la Méditerranée jusqu'à la mer Glaciale, c'est-à-dire
sur un rayon de plus de huit cents lieues
de longueur et douze cents lieues en largeur, les anciens remparts dus aux gran-

des et nombreuses chaînes de forêts, destinées à arrêter, à briser, à dévorer les vents des régions glaciales, sont détruits ou interrompus, au point que les climatures de toutes les zones de ce vaste espace, se trouvent graduellement dénaturées, et que le châtaignier, le mûrier, et le précieux olivier, souffrent, ainsi que la vigne, dans nos latitudes les plus méridionales.

La Providence avoit réparti à chaque zone de la terre une climature propre à sa latitude et aux végétaux qui devoient y croître ; les vents alizés, destinés par leur souffle perpétuel et alternatif à marquer les quatre grandes époques de la nature, avoient reçu pour modérateurs, les montagnes et les forêts, chargées d'empêcher le mélange de vents sauvages, de courants étrangers.

Il est connu que les sommets des hautes montagnes sont pourvus de grandes vertus attractives par le magnétisme et l'électricité qui y abondent, et qui paroissent avoir leur siége dans les roches graniteuses, ferrugineuses, cuivreuses, etc. Si la nature, toujours économe dans ses plans, avoit jugé cette organisation suffisante pour remplir seule une mission météorologique, elle ne les eût pas, pour compléter cette mission, couronnés par-tout des plus grands arbres, dont le concours paroît avoir été de nécessité absolue.

Nous verrons dans les chapitres suivants, les preuves multipliées, que toutes les montagnes, réduites à une triste nudité, sont non seulement insuffisantes pour maintenir les climatures et l'organisation végétale ; mais qu'elles concourent en cet état au desséchement de la terre, et sont sur-tout, comme corps réfléchissants, les causes de la grande violence des tempêtes et des ouragans terrestres, qui dévastent tout ce que ces belles forêts avoient été destinées à protéger.

Lorsque, dans mes fonctions d'ingénieur, j'avois à atténuer la violence des courants d'eau, je divisois la chute par des arrêts graduellement répétés, et je parvenois à diminuer la pente et à affoiblir le choc trop violent du courant.

Les forêts parsemées sur toute la terre, couvrant les vallées, les plaines, les flancs et les sommets des montagnes, remplissoient ce ministère contre les vents, par la fréquente rencontre de leurs barrières élastiques, et l'immensité incalculable de la surface de leurs feuilles mobiles; alors chaque courant irrégulier de vent, ne trouvant point d'appui pour se réfléchir, se perdoit dans les massifs des forêts, qui le dévoroient comme un ennemi soulevé contre la nature.

On le sait et on le sent par-tout, que les températures produites par l'influence du soleil sont modifiées, affoiblies, et quelquefois même annihilées par l'action des vents froids. J'ai vu porter le manteau en plein été au quarante-deuxième degré de latitude, lorsque la *tramontane* (mistral) ou le vent de nord-ouest-nord y souffloit. Nous voyons également en plein hiver la température visiblement remonter pendant un vent de sud, ou seulement de sud-ouest-sud.... On a observé à Paris, que le 21 décembre, le thermomètre étoit plus élevé par un vent de sud, que le 21 juin par un vent de nord-ouest-nord.

Il suit de là que les températures ne dépendent pas uniquement de la présence, de l'éloignement ou de l'absence du soleil, mais que recevant leurs dernières modifications du règne des vents, on pourroit, en opposant à ces météores des abris heureusement combinés, adoucir les climatures et recréer même les anciennes constitutions atmosphériques.

Les montagnes couvertes de forêts ont une destination que nous ne pouvons méconnoître; elles démontrent leur puissante influence jusque dans les froides latitudes de la *Sibérie*, où elles savent fixer le beau soleil de l'Italie, et parer les vallées profondes et solitaires des fruits et des fleurs de la fortunée Provence..... Écoutons ce qu'en dit M. Pallas, célèbre académicien de Pétersbourg, dans ses observations sur la formation des montagnes.

L'abbé Chappe-d'Auteroche, a eu raison de contredire *Isbrand*, *Ides* et *Lange*, par rapport à la hauteur excessive que ces voyageurs avoient attribuée à cette partie des monts *Ourals*, qui passe entre Solykamska et Verkhotourie. Il est aussi excusable d'avoir supposé la Sibérie, ou les plaines au-delà de ces moutagnes, moins élevées au-dessus de celles d'Europe que *Stralenberg* l'assure. Les parties boréales, par où son voyage a conduit l'observateur françois, sont effectivement des plaines basses, couvertes de forêts, et très souvent marécageuses. Mais il convient lui-même que le plan de la Sibérie s'élève vers le midi, c'est-à-dire vers les *Alpes sibériennes*, qui forment sa frontière; et puisque cette chaîne s'élargit et s'élève de plus en plus vers l'orient, l'élévation des plaines de la Sibérie y devient de même plus considérable, et leur pente plus rapide; ce qui justifie l'assertion de *Stralenberg*.

Cette situation de la Sibérie en plan incliné vers la mer glaciale; son exposition aux vents de nord et de nord-est pendant que ceux du midi sont interceptés par la grande chaîne couverte pour la plupart *de neiges continuelles*, et ceux de l'ouest par la chaîne ouralique, devient une cause plus puissante, pour rendre le climat de ce pays si rude, que ne le seroit l'élévation seule, ou la salinité des terres à laquelle notre abbé voudroit entièrement attribuer la rigueur des froids qui y règnent.

Je citerois en preuve de cette assertion, les environs de la fonderie de *Barnaoul* sur l'Ob, *garantis des vents du nord* par une traînée de montagnes et de forêts, qui s'avancent entre le *Tom* et l'Ob, où toutes sortes de jardinages, même les *melons* et les *citrouilles*, viennent parfaitement bien en pleine terre, tandis qu'à *deux degrés plus au sud*, la pente des montagnes attaïques, exposée au nord, ne produit rien. Je citerois les vallées de Selenginsk et les environs de la rivière d'Abakan, fleuris au mois d'avril au pied des montagnes, *au nord desquelles* règnent les frimas et les neiges jusqu'au mois de juin.

Une partie de notre Europe doit peut-être la douceur de son climat aux *Alpes* de la Scandinavie et de l'Écosse, *qui détournent les vents du nord*, et à ce que les glaces du nord ont un débouché libre entre l'Europe et l'Amérique, pour être entraînées par les courants vers les tropiques ; de sorte que *les vents de nord* y sont moins refroidis et moins soutenus en été.

Ce sont au contraire ces glaces renfermées par le cap Nord et le Spitzberg, qui influent déja sur le climat de la Russie boréale. Les déserts d'Astrakan semblent, par opposition, devoir l'intensité de leur été, qui y favorise jusqu'aux plantes propres à la *Perse* et à la *Syrie*, à leur exposition aux vents *sud* et de *sud-est*, et aux terres élevées qui les *couvrent au nord*. Ce n'est aussi précisément que les vents de nord-est et de sud-ouest, réfléchis par les montagnes d'Oural et le

Caucase, qui y font régner les plus fortes gelées en hiver et qui amènent la fraîcheur en été.

Bernardin de Saint-Pierre, qui me donna, il y a vingt-huit ans, les premiers et précieux témoignages de son amitié fraternelle, parceque je servois dans le même corps auquel il avoit appartenu, et qui puisa dans son génie observateur les vues les plus vastes, les plus gracieuses et les plus attachantes, sur toutes les harmonies de la nature, remarque, en parlant des montagnes à réverbère maritime de la Laponie et de la Finlande, que les habitants de Pello, situé vers le soixante-septième degré nord (à treize degrés des glaces fixes et éternelles du pôle), doivent à la température de leur site le ruisseau de la montagne de Kittis, *qui coule pendant tout l'hiver,* tandis qu'à quatre cents lieues plus au midi les eaux cessent communément de couler dans cette saison.

Si les fluides aériformes sont moins évidents à la vue que les corps liquides, il n'est pas moins vrai que les premiers, quoique transparents et aériens, qui jouent le plus grand rôle dans la nature, ont aussi leurs débordements, et veulent être digués par des masses fléchissantes et élastiques.

Lorsque les rayons solaires viennent se réfléchir sur un coteau ou une chaîne de montagnes, ils montent, passent et s'échappent comme des ombres fugitives, sans produire aucun bien, si rien ne s'oppose à leur extrême fluidité; mais s'ils trouvent un bois serré au sommet, il les arrête comme une digue arrêteroit un courant, et les force à déposer la chaleur, à échauffer son versant et tout le bassin qu'il est chargé de protéger : alors, ainsi que le miroir ardent d'Archimède, d'innombrables feuilles spéculaires et vibrantes réfléchissent, comme autant de petits miroirs, la chaleur multipliée sur les vignes, les guérets et les vergers (1). C'est ainsi qu'autrefois chacun de nos bassins avoit, par les boisements, sa chaleur, ses températures relatives, les vins et les fruits leurs qualités distinctes..... Aujourd'hui commence la confusion : les bienfaisants rayons du soleil nous fuient avec les doux zéphirs dans leur transparente légèreté, ou sont eux-mêmes condensés par les froids courants du nord, qui viennent fixer et étendre librement leur glaciale influence dans nos plus ri-

(1) Tout est effet et digne d'être apprécié dans la nature. Les feuilles des arbres de nos climats, ont en général deux faces différentes : celle inférieure tournée vers la terre, est *matte* ou *velue*, et destinée à aspirer; tandis que la face exposée aux regards du soleil, est *glacée*, pour réfléchir et multiplier ses rayons.

ches bassins, et arrêter le travail de la nature dans ses plus précieuses productions.

Bernardin de Saint-Pierre, que je citerai souvent comme autorité, et homme éminemment observateur, attribue avec raison à la masse des feuilles vernissées des forêts de sapins une partie de la chaleur des étés du nord : « Je l'ai, dit-il, trouvé si considérable en parcourant les forêts de la Russie, de Moscou à Pétersbourg, que je ne doute pas qu'elle ne surpasse celle de la zone torride, que j'ai traversée deux fois. »

« La chaleur est sans contredit plus grande au nord en été, si l'on compare la température d'un lieu pris dans une forêt de sapins à celle d'un lieu pris en pleine mer sous l'équateur, parceque les plans réverbérants des feuilles lustrées ont une bien plus grande étendue que la surface de l'Océan, dans un horizon de la même grandeur. *Il seroit très curieux d'en calculer la somme et la différence ; on pourroit en conclure celle de leur température.* »

Si j'éprouve le regret de n'avoir pas fait cet arpentage possible, de la surface de la tige, des branches, des rameaux et des feuilles d'un chêne, lorsque, si souvent assis à l'ombre de son feuillage étendu, je méditois sur les bienfaisants motifs de son existence, je citerai, à ce sujet, le travail d'un homme qui sera toujours d'une grande autorité toutes les fois qu'on parlera d'arbres.

Duhamel, à propos de la transpiration des végétaux, assure avoir calculé que les feuilles d'un moyen chêne, dont il a évalué la surface à un *milliard de pieds carrés* (1), fournissoient en douze heures, dans les jours de chaleur, *vingt-cinq*

____

(1) Il y a sûrement là une faute d'impression.

milliers pesant d'eau, ce qui suppose-
roit une surface de deux mille cinq cents
pieds carrés nécessaires pour produire
une once d'eau.

Comme il est reconnu que les branches, les rameaux et les feuilles se nourrissent spécialement d'air et d'eau mêlés
aux divers fluides répandus dans l'atmosphère, il est certain que deux mille cinq
cents pieds carrés de surface doivent produire plus d'une once d'eau; mais, comme l'évaluation de la surface des feuilles
semble excessive, tenons-nous simplement à la *millième partie*, et voyons
quels en seront encore les résultats.

Un arbre, offrant dans ses feuilles et
ses branches un million de pieds carrés
en surface, produiroit vingt-cinq livres
d'eau par jour : terme raisonnable, et
de moitié au-dessous des résultats obte-
nus par d'habiles physiciens.

Un arpent de bois, pouvant contenir

quatre cent quatre-vingts arbres, outre les plantes, les arbustes et les arbrisseaux, qui remplissent les intervalles des arbres, et qui exercent cependant aussi leur action sur l'atmosphère, offre donc une surface en feuilles spéculaires et réverbérantes de *mille arpents*, et une transpiration d'au moins *douze milliers* pesant d'eau par jour.

D'après cette supputation modérée, qui montre, dans les bois, l'immensité dans les surfaces réfléchissant la chaleur, l'immensité des eaux qu'ils aspirent pour fournir une transpiration semblable ; de l'air méphitique qu'ils ont besoin de dévorer à toute distance, on peut se former une idée de l'influence qu'exercent les forêts sur les températures, sur la fécondité et la salubrité de la terre, ainsi que de nombreux exemples le confirmeront dans le cours de cet ouvrage.

Il est reconnu que les reflets des corps

terrestres, augmentent la chaleur du soleil. Les navigateurs ont observé généralement que la température d'une île est plus chaude que celle de la mer qui l'entoure ; qu'elle est plus grande lorsqu'il y a des montagnes, que dans une situation unie, et qu'une île boisée a une température supérieure à celle qui est nue.

Lorsque la Providence a placé autour de l'équateur les plus vastes forêts qu'il y ait au monde, pour tempérer de leurs masses ombellées et de leurs larges ombrages les zones torridiennes (1), la volonté en a été visiblement divine et bien-

____

(1) En général, les arbres des régions situées entre les tropiques, divergent leurs rameaux en ombelles ou en parasols : ces formes se trouvent même jusque dans celles des montagnes de ces contrées ; tandis que ceux des zones froides ou tempérées, présentent les leurs en pyramides réfléchissantes.

faisante ; mais comme il n'y avoit qu'une même volonté dans toute la création, qui a eu pour but unique, le bonheur, la félicité et la conservation de tout ce qui devoit respirer dans la nature, les zones moins embrâsées du soleil ont été couvertes d'autres forêts, destinées à modérer l'action des vents froids, à con-server les douces climatures avec tous les éléments chargés d'y concourir.

Aussi voyons-nous par-tout où il se trouve encore une forêt, une force et une précocité de végétation, qui ne se voit plus dans la vaste nudité de nos campa-gnes brûlées et desséchées. Si, fatigué d'un vent froid soufflant sur ces jeunes déserts, on se réfugie dans une forêt, on éprouve aussitôt une température douce, un calme heureux, qui portent à la méditation : on croit avoir changé de pays, et respirer sous l'empire d'une puis-sance tutélaire et prévoyante.

Dès l'aurore du riant printemps, les prémices des fleurs se trouvent à l'entrée des bois : la précoce primevère, le suave muguet et la violette modeste, s'offrent sous la chaude influence des bois, d'une lune, plus tôt que dans les champs découverts.

« J'ai vu, dit le *Baron Tschoudy*, un bois de sapins en Suisse, dont les branches naturellement entrelacées, formoient un toit que couvroit une épaisseur considérable de neige : il n'en étoit point tombé au-dessous ; on y respiroit une chaleur douce, c'étoit au *mois de janvier :* on y voyoit la terre bien verte et garnie de quelques fleurs. C'est dans ces bois sombres, au loin solitaires, où l'on respire l'encens des résines, qu'un saint frémissement avertit de la présence de la Divinité, et que la pensée affranchie des liens des sens, s'élève jusqu'à elle ! »

Ces effets sont tout naturels : une forêt qui arrête ou consomme un courant d'air, conserve d'abord sa température naturelle, qui est encore augmentée par la masse de matière électrique qui la remplit; par le feu et la vie qui circulent dans les nombreuses classes d'oiseaux et d'animaux qui y cherchent leur pâture et leur retraite; par une végétation toujours animée, toujours réverbérante; par la fermentation que les débris des animaux et des végétaux y causent; enfin par les rayons du soleil qu'elle ne laisse point échapper, et qui augmentent la chaleur de l'enceinte. L'effet en est tellement sensible, que le cerf, la biche, le chevreuil, même le lourd sanglier chargé de lard, ne vivroient pas plus, pendant nos froids hivers, en rase campagne au milieu des neiges glacées, que le lion, l'éléphant, le tigre et le léopard, hors des fraîches forêts de la zone torride.

Ces riches et élégants rideaux de verdure, que la nature avoit tendus, avec tant de grace et de majesté, sur la cime de nos montagnes; ces belles et fructifiantes forêts, si injustement dédaignées, si mal appréciées, si cruellement mutilées, si ignominieusement abattues, qui présentent à elles seules de petits univers, et par ce qu'elles offrent de biens en elles-mêmes, et par ce qu'elles renferment, nourrissent et protègent d'êtres vivants sous leurs berceaux hospitaliers, pouvant seules changer et adoucir les climatures de tout un pays, doivent à jamais être considérées, comme les plus puissants remparts que nous ayons à opposer aux autans du midi, et aux froids aquilons du nord (1).

____

(1) Comme dans ce chapitre, on ne présente que des vues générales, de nombreux exemples, viendront démontrer le bienfait des abris.

*Vues générales sur les causes des inon-
dations irrégulières.*

Toute la science du bonheur de l'hom-me *est dans le grand livre de la nature.* La sagesse divine s'y montre par-tout en traits ineffaçables, à tout cœur droit dis-posé à l'observer et à l'admirer avec bonne foi. Si rien ne peut être retranché ni ajouté à l'homme sans diminuer de sa perfection ; si aucune espèce existante ne peut disparoître sans briser un chaî-non de la grande chaîne, qui lie si har-monieusement tous les êtres les uns aux autres ; si la moindre plante, le moindre arbrisseau, a eu un motif nécessaire dans la création, comme tout ce qui existe le démontre ; si nos vieux fleuves coulent où ils ont dû couler dès la naissance du monde, il faut convenir que la charpente osseuse du globe, a dû, telle qu'elle existe, sortir du souffle divin, et les chaînes de montagnes recevoir les directions, les formes, la composition et les hauteurs indispensables à chaque latitude, pour réunir en faveur de l'homme tous les bienfaits d'un Dieu, d'un créateur prévoyant.

L'orgueil humain crée des systèmes qui s'évanouissent comme la rosée du matin, tandis que tous les points de la terre, présentent, comme nous le verrons, les merveilleux mystères d'une munificence éternelle, devant qui l'homme ne devroit cesser de se prosterner... Le temps n'est rien à la nature; elle est toujours jeune et resplendissante, par-tout où son antique et virginale beauté n'a pas été flétrie : il n'y a de vieux sur la terre que les dégradations humaines.

Les montagnes ne se ressemblent pas plus que les noyaux en granit, en or, en cuivre, en argent, et en fer massif dont beaucoup se composent, et quoique leurs

vertus attractives remplissent visiblement une mission utile dans l'harmonie
du monde, notre intelligence bornée
n'a pu encore bien définir les principes
cachés de leurs fonctions bienfaisantes.
Leurs chaînes, leurs formes, leur direction et leur élévation différente paroissent invariablement coordonnées avec
le cours du soleil, les vents généraux, la
position des mers et des pôles, pour assurer à chaque latitude, à chaque bassin
de la terre, les climatures relatives à la
différence des animaux et des végétaux
que la nature y a fixés; car le renne se
trouveroit aussi étranger, sans ses mousses savoureuses, dans la belle et chaude
Provence, que l'âne dans la froide et
brillante Laponie, sans son âpre et pi-
quant chardon.

Cette remarque est tellement dans l'ordre éternel de la création, que des voyageurs qui ont vécu dans la Finlande en-

core vierge , et dans les sites les plus magnifiques de la zone torride , c'est-à-dire
dans les deux zones les plus opposées de
la terre, ne savoient encore dans leur
admiration à quel pays donner la préférence, tant il est vrai que dans l'état primitif, toutes les faces habitables du
globe, depuis les pôles jusqu'à l'équateur, ont été traitées avec la même prédilection, et montrent encore leurs beautés magiques, par-tout où l'homme con-
quérant et dévastateur n'a pas passé.

Si l'on voit en Russie des plaines de
cent, de deux cents lieues d'étendue,
dans les parties les plus éloignées des
mers, nous voyons au contraire que la
France, située entre la Méditerranée et
le vaste Atlantique, les Pyrénées et les
Alpes, et par conséquent destinée, ainsi
que les pays circonvoisins, à recevoir les
premiers vents et les premières eaux du
sud et de l'ouest, se trouve être presque

sans plaines, et entrecoupée dans toutes les directions, par des montagnes hautes, moyennes, ramifiées sans interruption, ayant plus de quinze cents lieues de développements, s'élevant comme des remparts protecteurs, et partageant tout le territoire du royaume, en dix-neuf grands bassins distincts, fertilisés par vingt mille lieues de fleuves et de rivières, deux cent mille lieues de ruisseaux et plus de dix mille petits lacs ou étangs.

On sait que plus les montagnes sont élevées, plus grands sont les fleuves qu'elles enfantent; la structure de celles de la France le démontre d'une manière visible : la Garonne a ses sources au *Mont-de-Gard*, un des plus hauts pitons des Pyrénées; l'Allier au *Puy-Dôme*, au *Mont-d'Or*, au *Cantal*, au *Mont-de-Lauzère*; la Loire au *Mont-de-Mezin*, au *Mont-de-Gerbier*; la Seine, la Marne et la Meuse, aux plus hautes montagnes de Langres; la Moselle, au *Mont-de-Faucille*; le Rhin et le Rhône aux glaciers du *Mont-Saint-Gothard*.

Si les mers et les montagnes sont les grands édifices de prévoyance de la nature; si les arbres qui trouvent une partie de leurs aliments dans l'atmosphère, pompent au moyen de leurs branches et de leurs feuilles, comme autant de langues et de poumons, les sucs mêlés avec l'air et l'eau qu'ils aspirent à de grandes distances, les forêts attirent en masse les vapeurs au sommet des montagnes, pour entretenir les sources qui en découlent: ce sont les châteaux d'eau des fleuves secondaires, comme les glaciers le sont des fleuves du premier rang.

Les montagnes dont les hauteurs, les positions et les directions sont invariables, attirent bien dans leur nudité une partie des eaux de l'atmosphère, pour alimenter quelques fleuves par intermit-

tences, ou produire de désastreuses inondations; mais les forêts disséminées, dis-
séminent les pluies, les sources et les rosées pour assainir et arroser la terre; les
montagnes abritent peu les campagnes;
mais les forêts font la loi aux vents et aux
ouragans, dont elles brisent par leurs
masses flexibles l'impétuosité; les mon-
gnes attirent et concentrent le tonnerre;
les forêts en divisent et aspirent les principes électriques; les montagnes élèvent
les nuées, qui se condensent en neiges,
en givres ou grêles destructives; les forêts, au contraire, les tiennent près de
terre, pour les dilater en eaux fertilisantes; les montagnes dépouillées, se dessèchent, se dégarnissent, tandis que les
forêts les humectent, les protègent et les
nourrissent de leurs couches annuelles
de feuilles, qui se convertissent en terre.

Lorsque les bois couvroient encore nos
montagnes, les nuages étoient répartis

d'une manière plus générale; ils se dis-
tilloient en pluies sur la terre, et ne se
déversoient point, comme aujourd'hui,
en lavange, qui entraînent par torrents
dans les fonds des vallées, et jusqu'à l'em-
bouchure même des fleuves, le peu de
terres qui leur restent, ainsi que celles
que les vents sont périodiquement chargés de leur apporter, pour nourrir les
végétaux qui devroient les orner; dans
cet état primitif de nos forêts, les eaux de
pluies moins rapides, trouvoient dans les
arbres, les buissons, les bruyères, les
mousses, les herbes et les couches épaisses de feuilles, des obstacles continuels
à leur libre écoulement; elles s'enfouis-
soient partie en terre pour augmenter
les principes fécondateurs, partie dans
les cavités que la nature avoit préparées
aux fontaines, chargées d'alimenter lentement les ruisseaux et les fleuves; et la
partie surabondante s'écouloit, chargée

des graisses et des huiles dues aux dé-
compositions animales et végétales, destinée aux poissons des étangs, aux terres
et aux prairies.

Par la même raison que les forêts multipliées sur les lieux éminents, rendent
les pluies plus douces, plus régulières et
plus abondantes, elles attirent aussi,
dans la saison des frimas et des glaces,
une plus grande masse de neiges pour en
revêtir la terre, et protéger contre les
gelées, les graines et les plantes que
l'homme ou la nature lui ont confiées./

Le laboureur, le vigneron et le jardinier voient avec effroi les aquilons de
l'hiver succéder au départ du soleil, avant
que les campagnes soient couvertes de
ce vêtement de silence et de sommeil;
non seulement les neiges conservent et
compriment la chaleur de la terre, mais
elles augmentent encore, par leur irrita-
bilité, son énergie; et lorsque les chauds

et humides zéphyrs du printemps viennent en opérer la fonte, elles se plongent
dans le sol, pour changer leur longue protection en une chaleureuse fermentation
des sels, et précipiter la végétation.

On a observé dans tous les climats nei-
geux, et plus particulièrement encore
dans les pays du nord, l'étonnante rapidité de la végétation après la fonte générale des neiges : plus donc il en tombe
sur la terre, plus long-temps elles la couvrent, et plus la nature acquiert de force
et d'énergie.

Sans le bienfait des neiges qui couvrent pendant six, huit et neuf mois de
l'année les climats septentrionaux, ces
contrées seroient vouées à une éternelle
stérilité; parceque les grands froids agis-
sant immédiatement sur les plantes, en
détruiroient jusqu'aux derniers germes.
Que deviendroit l'habitant de ces pays
solitaires, qui chérit sa terre natale jus-

que sous les zones boréales, avec le renne son fidèle compagnon, qui lui sert de bœuf, de cheval et de vache, si sous le brillant couvert des neiges, ne croissoient pas en abondance ces lichens destinés à nourrir ce précieux animal.

Le renne qui offre dans ses quatre mamelles un lait plus gras que celui de la vache, dans son pélage une fourrure plus chaude que celle de la brebis, et dans sa course un service plus rapide que celui du cheval, ne traîne l'heureux Lapon et l'agile Samoïède, avec la rapidité de l'éclair, sur les mers de neiges glacées, que parceque le créateur, splendide jusque dans ces froides régions, fait croître par-tout sous l'empire des neiges ses riches prairies de mousses savoureuses.

Nous avons montré dans les déboisements une des causes visibles, certaines, des inondations irrégulières, qui ont lieu dans les saisons de pluies, ou par les torrents d'eaux que les orages précipitent sur la terre, et dont nos montagnes, dans leur nudité, ne peuvent plus modérer l'écoulement; mais les inondations les plus désastreuses, sont celles qui procèdent de la fonte trop subite des neiges.

Lorsque nos montagnes et nos collines étoient encore boisées, elles se chargeoient d'une plus grande quantité de neiges et de glaces, destinées à prévenir, pendant les saisons chaudes et sèches, le tarissement des sources, et l'intermittence aujourd'hui trop ordinaire de beaucoup de nos rivières, et après la révolution hivernale, la fonte des neiges, des forêts moins soumises à l'action du soleil, ou des vents chauds, que celles des campagnes découvertes étoit moins simultanée, plus successive, et les inondations qui nous menacent à chacune de ces époques, étoient moins subites, par conséquent plus fertilisantes et moins dangereuses.

Les pays de montagnes et ceux qui les avoisinent, sont les plus sujets à ces grandes scènes diluviennes, qui, au lieu de répandre périodiquement comme autrefois les limons fertilisants des forêts, sèment aujourd'hui le ravage, l'épouvante et le désespoir sur leur passage. Ce sont d'anciens bienfaits que de longs siècles de guerres ont dénaturés; car c'est aux guerres sur-tout qu'on doit les grands déboisements des plus belles faces de l'Asie, de l'Europe, et d'une partie de l'Afrique; elles augmentent depuis plus de trois mille ans les plaies de la nature, et réalisent dans leur aveugle fureur un règne de calamités accroissantes, dans les objets même où l'homme avoit le plus sujet de bénir la main de son créateur.

Les monts Pyrénéens, les Apennins, les Alpes suisses et françoises, les Alpes

italiennes et tyroliennes, les monts des
Vosges, les monts de Krapaks, etc. ont
été élevés dans les airs, pour être les éter-
nels réservoirs des plus grands fleuves de
l'Europe, qui, depuis la première vie du
monde, coulent du sein de chacune de
leurs doubles faces, et portent la fraîcheur de leurs ondes, le mouvement, la
santé et le bonheur dans toute l'étendue
de leur majestueux et paisible cours.

Les fleuves n'avoient, comme tout ce
qui appartient à la création, reçu dans
leur origine qu'une mission bienfaisante
avec un cours uniforme et régulier; la
nature avoit dans sa prévoyance couron-
né leurs sources d'une épaisse et brillante chevelure végétale, chargée de conserver les neiges et les glaciers dans leurs
premières limites; de ne permettre au
soleil que des fusions régulières, et d'empêcher le trop libre échappement des
eaux des montagnes; les forêts groupées

dès l'origine du monde sur les sommités,
étoient instituées les gardiennes tutélaires des sources de nos beaux et vieux
fleuves, comme elles sont les citernes
vivantes de nos plaines ; mais dès que la
torche guerrière les eut atteintes, les calamités de la nature ont pris naissance
sur les ruines encore fumantes de ces
forêts, premières nourrices du genre
humain.

La presque totalité de la superbe
chaîne des Pyrénées, dont les cimes verdoyantes se montroient jadis avec une
orgueilleuse majesté jusques aux rivages
de l'Afrique, est déboisée sur plus de
soixante lieues de cours ; les Apennins et
la chaîne immense des Alpes, ces imposants boulevards des plus belles régions
de l'Europe, font apercevoir également
à travers quelques débris de bois, leur
dégradation et leur nudité.

De ces funestes destructions, il doit

résulter naturellement un agrandissement dans les glaciers, qui sont nos pôles
méditerranés, par conséquent une influence plus àpre, plus étendue et plus
durable sur les températures des pays
voisins.

Le soleil ainsi que les vents chauds et
humides, n'ayant plus les mêmes masses
d'arbres pour modérateurs de leur action, doivent opérer sur ces montagnes
de glaces et de neiges, des fusions plus
rapides et d'autant plus abondantes que
ces réservoirs sont plus étendus.

Les flancs de ces montagnes trop découvertes, recevant aussi librement l'impression simultanée du soleil et des vents
chauds, les épanchements des avalanches sont plus imprévus et plus multipliés. Voilà les causes irréfragables de
ces désastreuses inondations que l'Italie,
la France, la Suisse, la Bavière et l'Autriche, ont annuellement à déplorer, et

contre lesquelles les plus beaux travaux des ingénieurs n'auront que des durées éphémères, tant qu'on ne s'attachera pas à prévenir le mal dans son origine.

Dans les montagnes moins élevées, comme celles des Pyrénées, de l'Auvergne, des Cevennes, des Vosges, etc. où le domaine des neiges plus fusibles dépasse celui des glaciers, ces réservoirs éprouvant par les mêmes causes une fonte trop subite; il en résulte deux grands inconvénients, celui d'inondations extraordinaires, et le départ prématuré des neiges et des glaces, destinées à entretenir les sources des fleuves qui en découlent, et les eaux de pluies devenues plus rares, s'échappant précipitamment des flancs des montagnes mis à nu, les fleuves privés de leurs réservoirs perdent de leur volume et de leur force, dans les saisons où leurs tributs seroient les plus utiles aux campagnes et aux ha-

bitations ; les deux revers des Pyrénées
en offrent sur-tout la preuve.

On commence à sentir en Suisse, de
quelle haute importance il est de remonter à la source des maux physiques
qu'éprouve ce beau pays, et que l'ancienne Helvétie n'avoit point connus.
Voici ce qu'on mande de Berne à ce
sujet :

« On vient de former à Unterséen, le
« projet d'une école pour la culture des
« forêts et des montagnes de la Suisse :
« ce bienfait est dû à M. Kasthoffer de
« Berne, qui, depuis dix ans, haut fores-
« tier de ce canton, a eu occasion de
« se familiariser avec cette importante
« partie de l'économie rurale. Comme des
« écoles de ce genre, n'existent ni dans
« les parties montagneuses de l'Allema-
« gne, ni dans les Alpes de l'Autriche, de
« la France et de la Savoie, qu'il n'y en a
« pas même dans ces vastes contrées du

« Nord, où la richesse du sol ne peut ce-
« pendant être basé que sur ce genre de
« culture, on doit espérer que l'établisse-
« ment dirigé par M. Kasthoffer pourra
« être utile à plus d'une nation. »

Vues générales sur la violence des tempétes et des ouragans terrestres.

L'opinion que les ouragans et les tempêtes terrestres tourmentent et dévastent le continent de l'Europe d'une manière incomparablement plus fréquente
qu'autrefois, est générale et unanime.
Cette révolution violente dans notre con.-
stitution atmosphérique, doit avoir une
cause, dont il peut être utile pour la société d'en rechercher le principe.

On sait que le feu attire le feu, que
l'eau attire l'eau, et que l'air attire l'air:
l'électricité, les trompes marines et terrestres l'attestent. La couche inférieure
d'air plus dilatée, plus raréfiée attire les

couches supérieures, suivant le besoin et les circonstances qui agissent.

Les grandes couches d'air produisent une compression d'autant plus forte sur la terre, qu'elles sont plus épaisses et plus chargées. A l'approche d'un orage, la difficulté que l'on éprouve à respirer, avertit assez que l'air est épais et comprimé : ce malaise dure jusqu'à ce que le plus imposant météore de la nature ait ouvert et dilaté les nuées.

Les ouragans sont plus souvent la suite d'un seul orage considérable ou de la rencontre de plusieurs orages qui, après s'être attirés, repoussés, heurtés, et avoir effrayé la terre et ses habitants de leurs feux et du bruit de leurs tonnerres, dilatent ou condensent subitement les nuées, et donnent aux vents une grande violence.

A de certaines époques de l'année, d'innombrables nuages élancés des rivages de l'Amérique, et parcourant un bassin de plus de deux mille lieues de mers, nous arrivent périodiquement, pour approvisionner les glaciers, les montagnes, les sources, et revêtir la terre des neiges qui lui sont nécessaires; ils sont ordinairement précédés ou suivis des grands vents qui les annoncent ou leur succèdent, et produisent fréquemment les tempêtes terrestres les plus longues, les plus étendues : tempêtes d'autant plus violentes, que ces nuages très chargés parcourent une zone plus basse.

Avant de nous plaindre cependant de ces vents, qui n'ont peut-être pas été toujours malfaisants, il est juste d'en reconnoître d'abord la nécessité.

Les grands phénomènes de la nature doivent leur existence à une prévoyance supérieure à la nôtre. Si le vent du Nord ne venoit pas, depuis les siècles, souffler à point nommé sur la belle et vieille

Égypte, pendant tout le temps que les pluies de l'Abissinie et des monts de la lune envoient leurs limons fertilisants, s'ils n'en retardoient l'écoulement vers la mer, et ne donnoient à ces flots féconds le temps de se répandre dans la plaine resserrée qui borde le Nil, cette Égypte si célèbre par sa fécondité, n'auroit jamais eue sa Thèbes aux cent portes, ni ses pyramides merveilleuses; elle seroit aussi aride que les sables de la Libye et de l'Arabie déserte entre lesquelles elle se trouve placée.

Le vent d'ouest, est un des quatre grands vents alizés, qui, dès l'origine du monde, ont reçu la fonction de purifier la terre, de conserver et d'entretenir l'harmonie de notre univers.

Ce vent s'élève du sein de l'Océan atlantique, toujours à l'époque précise où les glaciers des montagnes de la Lune, des Pyrénées, des Alpes, des monts Krapaks , du mont Caucase , et toutes les montagnes à neiges , ayant épuisé leurs tributs annuels ont besoin d'être régénérés pour continuer de payer ces tributs dans leur invariable effusion : c'est à l'époque précise, où les évaporations terrestres s'arrêtent, que la nature végétale entre en repos, et que la terre, qui a besoin d'être purifiée, attend depuis les rivages océaniques jusqu'à ceux de la mer Noire et de la mer Caspienne, enfin jusqu'aux vastes déserts de la grande Tartarie, son vêtement d'hiver.

En comparant les corps fluides aux corps liquides, on peut se former une idée plus simple de leur mouvement et de leur action. L'axiome en physique, que l'angle de réflexion est égal à l'angle d'incidence, est dans la nature, la source d'événements plus grands qu'on ne l'imagine communément ; la réflexion des rayons solaires, de l'eau et de l'air, peu-

vent produire les phénomènes les plus salutaires, comme aussi les plus nuisibles.

Chargé pendant huit ans, de diriger
de grandes constructions sur le Rhin,
fleuve volumineux, rapide, capricieux et
fort difficile à traiter, à cause des fusions
souvent irrégulières et imprévues des
neiges et des glaces alpines, je m'étois
attaché à étudier ses phases, et à suivre
la parallèle de son cours, autant qu'il
étoit possible, pour ne point heurter et
irriter ses flots. J'ai remarqué sur trente
lieues de rives, que par-tout où les ingénieurs construisoient des ouvrages trop
inclinés sur le cours du fleuve, il y avoit
toujours plusieurs points de chaque rive
attaqués par les eaux, suivant la plus
grande exactitude des angles d'incidence
et de réflexion.

Les vents suivent les mêmes lois, et
offrent dans leur choc comme dans leur
réflexion, les mêmes résultats, d'autant

plus dangereux, que ne pouvant voir le corps choquant à cause de sa transparente fluidité, on ne le voit, on ne le saisit que par les effets qu'il produit.

Prenons à présent pour exemple la structure physique de la France, et voyons ce qu'elle peut éprouver et souffrir, ainsi que tous les autres pays, des vents violents qui deviennent, *par la nature des localités*, beaucoup plus tempétueux qu'ils ne le sont en arrivant.

Le vent alizé de l'ouest, doit être fort, doit être puissant, pour soutenir et pousser sur deux mille lieues de mer, et au moins mille lieues de continent, une autre mer de gros nuages chargés de manière à toucher presque terre, et pour les voiturer jusqu'à leur dernière destination.

Qu'on se représente la France en relief avec ses quinze cents lieues de chaînes de montagnes à doubles faces, qui partent des Alpes à douze mille pieds, et des Pyrénées à neuf mille pieds d'élévation, qui vont en déclinant vers l'Océan, la Manche et le Rhin, et divisent ses dix-neuf grands bassins en plus de mille autres, par des chaînes ramifiées de différentes élévations. Ces montagnes, dépouillées en très grande partie, offrent peut-être des millions de faces réfléchissantes, sur des plans perpendiculaires, inclinés, obtus, aigus, circulaires, à des courants, qui, par la pression des nuages, doivent le plus souvent suivre la parallèle de l'horizon.

Ces courants resserrés dans les gorges, élargis dans les plaines, réfléchis sur tous les angles, pressés, heurtés par ceux qui les suivent, mille fois rabattus jusqu'au fond des vallées, se relevant autant de fois pour franchir les montagnes, doivent, comme les vagues mugissantes, offrir cette violence, cette agitation énergique et tumultueuse, que nous présentent les grandes tempêtes marines, et produire dans les pays qu'ils parcourent des scènes désastreuses... Voilà peut-être une image vraie des tempêtes terrestres causées par les déboisements.

Au lieu de toutes ces faces réfléchissantes, supposons-les à présent couvertes de mousses, de plantes, de bruyères, de buissons, d'arbrisseaux et de grands arbres, qui absorbent, brisent et divisent les nuages, atténuent par une immensité de feuilles mobiles, de branches, de rameaux et de tiges flexibles, le choc des vents, que leur fonction est d'affoiblir sans jamais les répercuter, alors les courants n'étant plus irrités par les résistances, leur violence sera amortie, neutralisée, et ce que nous appelons aujourd'hui tempête, se trouvera changé en vents réguliers et salutaires..... C'est l'effet d'un boulet de canon, frappant contre

un rempart ou un sac de laine : le solide
et puissant rempart en souffre et le réflé-
chit encore; mais le foible sac de laine
l'amortit et le tue.

Mais si les crêtes de nos montagnes
possédoient seulement un triple rang de
cèdres, qui, par leur force et leur vigueur,
l'étendue de leurs branches et la verdure
immuable de leurs feuilles serrées, se
jouent dans leur impassible gravité, des
plus grandes tempêtes, celles que nous
appelons ainsi dans nos climats, per-
droient et leur nom et leur caractère
malfaisant.

OBSERVATION.

Dans ce premier chapitre, nous avons
considéré d'une manière générale l'état
primitif des forêts, sous le rapport du
grand ministère météorologique, qu'elles paroissent avoir reçu dans l'ordre
de la création : de l'influence visible

qu'elles exercent sur les climatures, sur les vents, sur les eaux vaporisées ; des grandes calamités physiques toujours croissantes, qui procèdent de leur successive et continuelle destruction, et qui intéressent au plus haut degré l'existence des nations.

La suite de cet ouvrage démontrera par des exemples propres à faire gémir, que rien de tout ce qu'on vient d'exposer n'est hypothétique; mais que la nature est battue en ruine ; que, dans cet état de subversion, elle menace l'homme ; qu'il est urgent de la régénérer, et que les sites aujourd'hui les plus arides, peuvent à notre volonté redevenir les plus riants, les plus magnifiques de la terre.

TABLEAU DU SECOND CHAPITRE.

Ce tableau sera double : dans la première moitié, on verra au milieu de plaines, de ruines sans aucun arbre, des fleuves desséchés, remplacés par des marais, et habités par des reptiles.

On lira au bas :

Antiques plaines de Ninive et de Babylone
naguère peuplées et florissantes !

Dans l'autre moitié, on verra des bûcherons abattre des forêts, les oiseaux s'envoler ; le cerf, la biche, le chevreuil s'enfuir avec leurs générations. A l'entrée de ces bois, se trouveront le porc, le bœuf, la vache, la chèvre et le cheval, déplorant dans une attitude triste, la perte de leurs pâturages ; de l'autre côté se trouvera le bois en bûches par monceaux, à côté de fournaises fumantes, coulant le fer, les boulets, les bombes et les canons.

On lira au-dessous :

Tableau de l'Europe policée.

CHAPITRE II.

Déboisements de l'Asie, de l'Afrique, de l'Amérique et de l'Europe, des maux physiques qu'ils entraînent à leur suite.

Déboisements d'une partie de l'Asie.

Toutes les contrées de la terre qui ont été l'objet de l'ambition des hommes, et par conséquent un motif de guerre, ont vu tomber leurs belles forêts; le premier et brillant diadème que les conquérants enlevoient à la nature.

Les premières scènes de ces ravages se sont d'abord passées dans cet antique Orient, le berceau de la naissance, de la grandeur et de la chute de l'homme, où Dieu s'est manifesté à sa créature dans sa céleste effusion.

Depuis les bords révérés du Gange,

jusqu'aux rivages jadis célèbres de la Syrie, sur douze cents lieues d'étendue, et au moins cinq cents lieues de profondeur de pays, trois mille ans de guerres ont ravagé, épuisé les plus ravissantes productions végétales de ces superbes climats.

L'Inde, cette terre de prédilection, ce paradis de l'Orient, habitée par les peuples les plus doux, a été saccagée par les grandes armées de Sésostris, de Cyrus, d'Alexandre; subjuguée par les Mogols; pillée par Thamas-Koulikan; recherchée par les Portugais, les François, les Hollandois, et enfin soumise aux Anglois, qui, en s'établissant sur les ruines de la grande nature, y jouissent des trésors de l'industrie et des mines fatales de Golconde.

L'Indoustan a perdu par de si grandes et de si longues vicissitudes sa jeunesse et ses premières graces virginales; aussi

les eaux du ciel manquent-elles souvent
à ces immenses et dangereuses rizières,
établies sur l'ancien et vaste domaine,
des bois les plus magnifiques qui aient
orné la terre, et qui, parés de tout le luxe
de la nature, offroient dans leurs frais
abris, dans leurs parfums délectables et
leurs fruits si variés, la vie, la santé et le
bonheur aux paisibles habitants de cette
illustre partie du globe.

Ninive et Babylone, dont les noms re-
tentissent si pompeusement dans les premières annales du genre humain, qui
ont été les foyers des premières tempêtes
politiques du monde, n'ont plus d'autres témoins de leur existence passée et
de leurs magnifiques ruines, que les déserts silencieux, l'Euphrate et le Tigre,
qui rafraîchissoient de leurs belles eaux
ces immenses et célèbres cités, énervés
aujourd'hui, ne portent plus qu'avec
une triste langueur, le tribut affoibli

de leurs eaux dans le golfe Persique.

Les successeurs du grand Cyrus, ayant voulu dans leur aveuglement marcher sur les traces gigantesques des rois de Ninive et de Babylone, ont dévasté la plus grande partie de l'Asie, traînant à leur suite comme des torrents destructeurs, des millions d'hommes jusqu'aux rives de l'Indus, dans la grande Scythie, à travers la Judée jusqu'aux derniers confins de l'ancienne Egypte, dans toute l'Asie Mineure, et jusque dans la Grèce: toutes les productions de la nature furent détruites ou mutilées par ces tempêtes guerrières.

Alexandre, ses successeurs, puis les Romains, ensuite les Sarrazins et les Turcs ont augmenté les déserts, et fini par transformer en solitudes arides un pays naguères l'un des plus riants, des plus somptueux de l'univers.

Ninive, Babylone, Sidon, même Jéru-

salem , Memphis et Thèbes aux cent
portes, vivent dans la mémoire des ruines des déserts , et n'offrent plus, selon
l'expression de Buffon, que du *sable* et
du *sel*. Ce sont des pays désenchantés
par le fer et le feu des conquérants, qui
ont toujours été les plus grands fléaux du
monde.

Dans la stérile nudité de la Palestine ,
qui n'offre plus sur une terre aride et
sillonnée que quelques vieux palmistes
épars çà et là, qui reconnoîtroit de nos
jours cette belle terre de *Chanaan*, pro-
mise et donnée par Dieu à son peuple ,
comme le pays le plus fertile de l'univers?
qui, en voyant les eaux vaseuses du Jourdain, s'acheminant avec lenteur vers la
mer morte, se rappelleroit le beau fleuve
de la vallée de Josaphat (1)? A l'aspect

----

(1) Le Jourdain ne parcourt pas la vallée de
Josaphat; mais on s'est servi de cette image, pour
donner plus d'expression au tableau.

aujourd'hui si contristant de cette mémorable contrée, on douteroit des livres sacrés de Moïse, si toutes les parties habitées de la terre, ne démontroient combien il faut peu de temps, pour mettre en état de ruine, des pays dont la richesse et les délices portoient autrefois les hommes dans l'enchantement de la reconnoissance, à l'adoration du Père de la nature.

Enfin ces beaux et antiques climats, où les premières générations du genre humain trouvèrent la terre si belle, si libérale ; les températures si douces, l'air si suave ; ces lieux enchanteurs, animés par une piété céleste, où fut brûlé le premier encens sur l'autel de la reconnoissance ; privés aujourd'hui de leurs rafraîchissantes forêts, se trouvent sans nuages, consumés, desséchés par la présence trop immédiate de l'astre bienfaisant, qui autrefois les vivifioit, et qui n'y trouve plus de paysage à embellir, ni de miroir pour le réfléchir....

Si aujourd'hui les vénérables patriarches du genre humain reparoissoient, où retrouveroient-ils leur Éden fortuné, au sein duquel ils jouissoient sans cesse de l'accord des éléments et des saisons; du riant spectacle d'une terre chargée de mille fruits divers, de fleurs de toutes les couleurs et de tous les parfums; qui leur rendroit ces sources fraîches et pures, ces pelouses émaillées qui formoient leur table, ces forêts silencieuses qui leur servoient de palais, ces chants de milliers d'oiseaux qui se groupoient autour de leurs demeures, ce soleil vivifiant, qui n'échauffoit la terre que pour tout animer, et ces vents enfin qui ne faisoient que se balancer mollement sur le feuillage, pour tout rafraîchir.... Est-ce la Mésopotamie, l'Arménie ou la Chaldée, qui revendiquent encore l'honneur d'avoir

été les berceaux de nos premiers parents,
qui leur montreroient leurs bois sacrés,
leurs ruisseaux, leurs fleuves, leurs troupeaux et leurs vergers? Non, ils n'y re-
trouveroient plus qu'une terre chauve,
desséchée, privée même du bois nécessaire, pour renouveler le moindre holocauste à l'Eternel!

Déboisements de l'Afrique.

On connoît peu les déboisements dans
l'intérieur de l'Afrique ; mais depuis
l'Océan atlantique jusqu'aux ruines de
Carthage, et depuis les ruines de la célèbre fille de Sidon jusqu'à l'Océan de sables de la Libye, les forêts qui ornoient
et rafraîchissoient ces beaux pays, sur
près de mille lieues de longueur, sont
éloignées aujourd'hui de quarante et quatre-vingts lieues des rivages de la mer
dont elles embellissoient les bords.

Les pèlerins qui viennent du fond du

royaume de Maroc, pour se rendre par caravanes au tombeau de Mahomet, sont obligés de suivre la route de ces déserts, plus redoutables pour eux, que les hordes d'Arabes qui les poursuivent et les pillent; et lorsque échappés à ces dangers, ils ne sont pas ensevelis par les vagues de la mer de Sables qu'ils traversent, ils signalent, comme un bienfait de la Providence, ces consolants *Oasis*, dont les petits bouquets de bois ont attiré une source du ciel pour désaltérer leur soif ardente.

L'Egypte ne montre plus que quelques foibles bouquets de palmiers, d'orangers et de citronniers le long des rives du Nil. Cette antique terre des monuments et des lumières, n'a plus que de la bouse pour combustible, et pour fontaines que les eaux du Nil.

Dans ces pays déboisés naguère resplendissants de la magnificence de la

nature, on est réduit aujourd'hui à défendre un filet d'eau, comme on défen-
droit sa vie même. Les fontaines ensevelies dans les ruines des forêts, sont
remplacées par des puits *fortifiés*, qui
sucent avec effort du sein de la terre des
eaux dures et froides, souvent salées ou
amères, que le voyageur altéré desire et
recherche plus ardemment que les trésors du Potose.

Les plantes et les arbres étendent leurs
émanations et leurs influences bienfaisantes à des distances infinies ; ils ont la
propriété de renouveler sans cesse l'atmosphère, en changeant l'air vicié ou
méphitique en air vital. La nature avoit
affecté aux arbres comme aux vents, la
mission de purifier la terre, des miasmes
putrides qui s'en exhalent, sur-tout des
marais et des eaux stagnantes des canaux
négligés ; ces végétaux qui les dévorent
et s'en nourrissent en deviennent plus

beaux; ils les élaborent comme la chèvre élabore la ciguë, et les expirent ensuite en air pur et salubre (1). Les contrées et les pays chauds sur-tout, qui se trouvent privés de ces puissants préservatifs de la santé de l'homme, offrent sans cesse l'affligeant spectacle de populations entières moissonnées par ces causes funestes.

Les côtes de Barbarie, l'Égypte, l'ancienne Syrie, la Grèce et Constantinople, sont annuellement ravagées par la peste, dont les victimes se comptent par *cent mille,* que cependant quelques plantations heureuses auroient conservées à la vie.

Les Persans modernes, long-temps immolés par les maladies pestilentielles qui émanoient de leurs rizières maréca-

----

(1) C'est au chapitre des marais que je traiterai spécialement des arbres à qui la nature a attribué le ministère de purifier l'air.

geuses, appelèrent à leur secours, comme un autre *Hippocrate*, le balsamique platane, et ils furent à jamais préservés de ces terribles fléaux.

Voici ce que rapporte, à ce sujet, Chardin dans la relation de ses voyages : « Les « arbres les plus communs en Perse, sont « les platanes; les Persans tiennent qu'il « a une vertu naturelle contre la peste et « contre toute autre infection de l'air; et « ils assurent qu'il n'y a plus eu de conta- « gion à *Hispahan*, leur capitale, depuis « qu'on en a planté par-tout, comme on « a fait dans les rues et dans les jardins. »

Déboisements de l'Amérique.

L'Amérique, présentant le plus vaste des continents, s'est offerte il y a trois siècles aux premiers regards des Européens, comme une vierge sortant dans tout l'éclat de son imposante majesté du sein de la création; elle étoit parée de tant de beauté, de si grands attraits ; elle se montra dans une pompe si magnifique, que les *hommes blancs d'en-deçà de la grande eau*, qui avoient perdu l'idée de la puissance céleste et de la bonté infinie de la Providence, se prosternèrent ravis d'un spectacle aussi inattendu.

Appuyée aux deux pôles du globe, soutenue par deux vastes océans, cachant dans les nues son front colossal, laissant échapper de son sein immense, les plus grands fleuves du monde, parée enfin de son manteau végétal, le plus riche, le plus magnifique qui se soit jamais montré aux regards de l'homme ; elle apparut, à la honte des anciens continents, comme une image vivante de la grandeur et de la munificence du créateur de l'univers. Là se voyoient encore les pinceaux célestes, qui avoient dessiné et coloré le majestueux tableau de

la création, pour le bonheur de l'homme
qui l'avoit déja flétri autre part.

L'Amérique qui, par les latitudes
qu'elle embrasse, répond à l'Europe, à
l'Asie et à l'Afrique, mais qui possède
beaucoup d'animaux et de végétaux propres à son sol et à ses climats, montre
combien les trois divisions de l'ancien
hémisphère pouvoient et devoient posséder d'objets de félicités terrestres dans
leur première jeunesse.

L'aspect de cette merveille, *de ce nouveau monde*, avoit répandu la joie et
l'étonnement dans l'Europe entière; les
Européens se précipitèrent sur cette
terre nouvelle, non pour admirer sa ravissante beauté, pour savourer ses productions délicieuses, mais pour y chercher des trésors; et comme dans leur
pays on ne vit plus qu'avec de *l'or*, ils ne
vouloient que de l'or, qui s'y trouvoit
malheureusement en profusion.

Le Mexique et le Pérou furent les premiers théâtres de cette ambition malheureuse ; la nature si belle et si prodigue, qui offroit les biens durables des siècles, fut dédaignée, foulée aux pieds, flétrie, mutilée, et là aussi l'homme insensible, créa la vallée des larmes, et commença les déserts....

L'Amérique septentrionale, qui a dix-sept cents lieues de longueur de côtes depuis le golfe du Mexique, a été recherchée plus tard et par des hommes qui, malheureux dans leur pays natal, sembloient d'abord ne desirer qu'une terre hospitalière, pour la cultiver et s'arracher à la misère.

Tous les pays de l'Europe ont fourni des colonies à cette vaste contrée, dont Guillaume Pen, qui y est arrivé en 1680, avec les Quakers anglois, a été un des premiers et des plus sages législateurs. Il

y est passé environ trois millions d'individus dans l'espace de cent quarante ans;
mais comme l'Européen, *fort éloigné par
sa civilisation* de l'état de nature, ne
savoit pas vivre comme les naturels du
pays, qui, sans rien détruire, se trouvoient heureux des fruits variés à l'infini
que les arbres et les végétaux leur offroient en abondance; des riches pâturages que présentoient d'immenses prairies
et les savanes des forêts; des innombrables espèces d'animaux et d'oiseaux qui
étoient sous leur main; des poissons que
les ruisseaux, les fleuves, les lacs et la
mer leur offroient avec profusion, ils ont
voulu cultiver le *blé*, le *coton*, le *riz*, le
tabac et l'*indigo* pour d'autres pays, et
amasser d'autres trésors que ceux qui
naissoient pour eux de toute part sur un
sol riant; ils ont repoussé la vie pastorale, la plus douce, la plus heureuse, à

laquelle l'homme puisse aspirer pour s'affranchir des grands orages de la vie.

Ces aveugles Européens, pressés de s'enrichir, ne voyant que des eaux remplies de poissons, des prairies riches et plantureuses, des forêts magnifiques, capables de nourrir des nations entières dans une éternelle abondance, trouvèrent la nature trop avare. Il leur falloit d'autres domaines; un commerce lucratif avec l'Europe, et ils attaquèrent dans leur impiété ces monuments féculaires, chargés de protéger et de conserver dans le bonheur les millions d'êtres qui respiroient sous leur heureuse influence.

La cognée et le feu furent employés pour faire tomber et réduire en cendres des masses entières de forêts : ce que la nature avoit produit avec les temps, fut anéanti dans un moment par l'homme destructeur. L'emplacement de Philadelphie étoit couvert d'une belle forêt de cyprès, qui a servi à la charpente des maisons et des édifices de la ville. Si l'on n'avoit pris que les bois nécessaires aux habitations, le mal eût été imperceptible dans l'immensité des richesses végétales qui couvroient cette nouvelle terre de promission; mais l'aveugle avidité s'accroissant avec l'arrivée continue des émigrants, les forêts de cèdres, de noyers, de pins, de sapins, d'ifs, de cyprès, de chênes, d'érables, etc., etc., les plus belles, les plus vastes qui ornassent la terre, tombèrent en gémissant depuis le Canada jusqu'au golfe du Mexique.

Il est reconnu que la destruction des forêts de l'Amérique septentrionale, effectuée dans le simple espace de cent quarante ans, dépasse déja la surface de toute l'Europe, et le délire de la destruction dure encore! Cette incroyable et rapide déflagration des plus imposants monuments de la création, est le présage certain des calamités qui vont s'appesantir sur ces régions : les ruines des contrées asiatiques, et le silence de leurs déserts, la peste et ses fléaux, vont se reproduire sur cette terre jeune et vierge, si digne d'une autre destinée !.. On peut dire des forêts d'Amérique, avec un judicieux écrivain : *Les Européens y ont passé, elles sont disparues de la surface de la terre.*

L'aveuglement des hommes sur les bienfaits des forêts est encore tel, en Amérique, que les habitants du Canada, jaloux de voir que l'Angleterre leur métropole actuelle, continue à tirer ses bois de construction pour la marine, des anciennes forêts des pays du nord de l'Europe, se plaignent amèrement au parlement de cette prédilection pour les bois de notre continent, en annonçant qu'ils avoient, comme les années précédentes, fait des coupes immenses, et *des plus beaux arbres* pour y pourvoir.... Leurs descendants béniront un jour *cette préférence* que l'Angleterre donne avec raison, aux bois plus éclaircis, par conséquent plus denses et plus durables de l'Europe.

On diroit que ces Canadiens, qui se trouvent à quinze degrés du cercle polaire, avoisinés des plus grandes nappes d'eaux de l'Amérique, qui refroidissent beaucoup le climat, et qui éprouvent déja par ces causes, des hivers très rudes de six mois de durée, sont las de jouir de leurs températures actuelles ! S'ils avoient le malheur de continuer les défrichements, et d'abattre les barrières que la nature y a placées pour garantir ces pays des glaciales influences du pôle, ils verroient bientôt augmenter leurs hivers, et les récoltes diminuer avec les habitants.

On écrit de Hallifax, qu'on a embarqué, dans le courant de 1817, dans ce seul port, pour *deux millions et demi de potasse :* ce qui suppose l'incinération de peut-être cent mille arpents de forêts, sortis par un seul port, dans une année, pour le simple trafic de potasse... C'est ainsi que l'on traite cette belle et fertile *Acadie,* située sous les latitudes les plus favorables, sur laquelle les infortunés Français, enlevés comme d'une seconde patrie, ont versé tant de larmes amères! On détruit les forêts de ce malheureux pays, pour en avoir simplement la *cendre,* comme on va détruire les veaux marins, dans les îles de la mer Australe, pour en avoir les peaux et l'huile. On diroit (s'il y avoit du raison-

nement dans ce qui se fait) que les nations du Nouveau-Monde veulent se séparer par des déserts, pour ne plus tenter
l'ambition des autres. Ces nouveaux peuples semblent maudire d'avance leurs
postérités, au risque d'en être maudits,
à raison des maux qu'ils leur lèguent, en
foulant aux pieds les plus saintes lois de
la nature.

Ces trop précoces et trop vastes no-
vales, ont été et seront les champs des
victimes ; les hommes arrivés de tous les
pays, sans être liés par des lois conser-
vatrices des choses éternellement utiles,
crurent dans leur empressement de jouir
qu'il ne s'agissoit que d'abattre sans ménagement les vastes forêts qui couvroient
ce sol, pour s'emparer de leur domaine,
et oser ensuite tout exiger de la nature.
Qu'en arriva-t-il ? Après avoir ainsi éteint
ou refoulé des nations entières d'indigè-

nes; la terre remplie d'une masse incalculable de principes fermentescibles, d'où tiroient leur aliment les milliers de végétaux qui croissoient à sa surface, laissa échapper au préjudice des destructeurs de ses premiers enfants, ces innombrables principes vitaux qui, dans la première force encore de leur effervescence, soulevèrent les maladies et la mort contre ceux qui s'étoient trop hâtés de la mettre à contribution.

Aussi remarque-t-on que les températures y déclinent déjà sensiblement, et plusieurs points de cette partie de l'Amérique, ne sont restés habitables que pour des hommes qui, mus par une excessive ambition, consentent à sacrifier une partie de leur vie dans l'intention de s'assurer pour quelques jours incertains, hélas! un fugitif bonheur.

Les vaisseaux américains promènent

déja, depuis plusieurs années, ce qu'on appelle la *fièvre jaune ;* les malheureux habitants de la ville de Malaga, qui pleurent encore sur les tombeaux, savent de quelle intensité étoit cette peste qui a moissonné un si grand nombre de victimes.

Voici ce que l'on mandoit dans le courant de 1817 de l'Amérique septentrionale :

« Il paroît que la *fièvre pestilentielle,* « qui, maintenant désole la partie du sud « des Etats-Unis, fait les progrès les plus « alarmants. Une proclamation du gou- « verneur de New-Yorck, prohibe toute « correspondance et toute communica- « tion entre la ville et le comté de New- « Yorck, et les villes de Charles-Town et « de Savanah de la Caroline du Sud. Au- « cune personne venant de l'une ou de « l'autre de ces deux places, ne pourra

« entrer dans la première, à moins qu'il
« ne se soit écoulé un intervalle de vingt
« jours, depuis qu'elle aura quitté ces
« villes (1).

---

(1) On a été obligé de prendre, dans les ports
de France, des précautions sanitaires contre les
bâtiments qui arrivent des États-Unis, presque
semblables à celles qu'on est forcé depuis plusieurs siècles, envers tout ce qui arrive des ports
de la Turquie, de ceux de l'Égypte et des États
barbaresques.

Cette belle portion du nouveau Monde, régie
par un Gouvernement qui marque par tant de
sagesse et de lumières, doit, pour ne point être
long-temps assimilée à des contrées imprévoyan-
tes par esprit de religion, faire sur elle-même

« A Philadelphie et par-tout ailleurs
« sur la côte d'Amérique, mêmes pré-
« cautions par rapport aux vaisseaux
« venant de Charles-Town. *On ignore
« quelle peut être la cause de ce fléau
« terrible*, qui se déclare au même mo-
« ment dans l'Europe, l'Asie et l'Afri-
« que. »

----

un retour prudent, consulter la nature de ses
sites et de ses végétaux, pour cicatriser sur une
terre aussi jeune, des plaies qui pourroient avoir
les suites les plus funestes. Les maladies de la
terre, dénaturées par la main de l'homme, trouvent leurs spécifiques dans les végétaux, et l'Amérique en possède qui ont toutes les vertus à opérer ces cures.

« La maladie contagieuse continuoit
« en septembre à faire des ravages à
« Charles-Town ; le Conseil municipal
« avoit recommandé aux différentes con-
« grégations religieuses, de s'assembler
« le 14, pour demander à Dieu par des
« jeûnes et des prières, de détourner dans
« sa clémence, le fléau qui afflige cette
« ville (1). »

Sûrement les prières et la pénitence
des hommes peuvent adoucir la colère
céleste ; mais ces plaies envoyées à un
peuple qui a méconnu et flétri l'œuvre
de Dieu, sont peut-être aussi des aver-
tissements qui doivent le porter à arrêter
le torrent de cette impiété, qui s'acharne
à déchirer, à mutiler cette nature, qui
est la mère de toutes les prévoyances

---

(1) Au chapitre des marais, on sera peut-être
assez heureux d'indiquer un moyen pour faire disparoître des maux de cette nature.

7

terrestres, et le plus consolant symbole de la bonté divine.

Franklin, un des patriarches Américains, écrivoit au physicien Priestley, en 1779 : « Que les végétaux aient le pouvoir « de rétablir l'air qui a été corrompu « par les animaux, c'est un système qui « me paroît raisonnable, et parfaitement « d'accord avec les lois de la nature... « J'espère donc qu'on mettra des bornes « à la *fureur qu'on a d'arracher les ar-* « *bres,* et que cela détruira le préjugé où « l'on est que leur voisinage est contraire « à la santé.

« Je suis assuré, par une longue obser- « vation, que l'air des bois n'a rien de « malsain : car, nous autres Américains, « nous avons par-tout nos maisons de « campagne dans les bois, et il n'est au- « cun peuple, sur la terre, qui soit d'une « meilleure santé que nous, ni qui soit « plus prolifique, etc. »

Ayant sous les yeux l'exemple des indigènes, il auroit pu ajouter : que les peuples naturels, qui passent toute leur vie dans l'air balsamique et énergique des forêts, sont les plus agiles et les plus robustes. Dans les vastes forêts du *Paraguay* et du *Tucuman* sur-tout, les centenaires sont moins rares que les sexagénaires dans nos climats, et il est a·sez commun de voir dans ces pays, des hommes de cent vingt et de cent quarante ans. on y en a trouvé, sans infirmités, qui étoient âgés de plus de cent soixante ans.

A l'époque où ce célèbre physicien faisoit part de ces observations à son ami, on s'occupoit encore fort peu comme on voit, des grandes lois harmoniques, qui constituent la physique végétale dans ses consonnances avec les trois règnes; on songeoit peu qu'en couvrant la terre de productions végétales, la nature l'avoit

couverte de mamelles, en offrant sa table splendide et variée à tous ses con-
vives, et qu'aussitôt que l'homme porteroit la main sur ces vivifiantes forêts,
*les fidèles gardiennes de toutes les ri-
chesses de la terre*, il attaqueroit le plus
grand bienfait de la Providence, en dé-
truisant l'ordre harmonieux des météores et des climatures, et affoibliroit ou
réduiroit sensiblement des milliers de
races, qui avoient été créées dans l'admirable proportion de ses besoins. Si aujourd'hui un autre Franklin venoit à
parcourir, avec l'esprit observateur du
premier, les ruines encore fumantes de
cette terre, naguère pleine de beauté
et de fraîcheur, il reconnoîtroit en gémissant, que l'aveugle cupidité y a détruit autant de biens dans moins d'un
siècle et demi, que trois mille ans de
guerres en Asie.

L'Amérique méridionale, qui renfer-me à elle seule les plus riches produc-tions des trois anciens continents, a été mieux régie et mieux conservée sous le sceptre de deux souverains. Les Espagnols, qu'on a accusé trop légèrement de paresse et d'indolence, sans faire attention sous quel climat ils vivoient, ont eu la sagesse qui a manqué aux autres peuples, d'établir d'abord à Saint-Domingue, et ensuite dans l'intérieur de leurs immenses possessions de l'Amérique, le régime pastoral; régime si doux et si paisible, qui, en amortissant les idées de destruction, a conservé à cette magnifique face de la terre ses riches et délicieuses productions. Sûrement le brame qui, dans l'Inde, vit un siècle dans le calme de la paix sous son bananier, qui le nourrit, le loge, l'abrite et le vêtit, est plus sage et plus heureux dans sa modération que son voisin, qui use la vie à cultiver avec inquiétude le *riz*, le *betel*, le *coton*, l'*indigo*, pour amasser de vains trésors, qui lui sont le plus souvent ravis.

Le Brésil a souffert aussi de grandes exploitations dans les forêts, soit pour faire place aux nouvelles cultures, soit parceque présentant près de six cents lieues de côtes, dont les ports servent le plus souvent de relâche aux vaisseaux Européens qui se rendent aux Indes orientales ou qui en reviennent, elles sont plus souvent visitées par les bâtiments de commerce ; mais en général, la cour de Lisbonne a suivi d'assez près le même régime pour ses colonies que celle de Madrid ; et, aujourd'hui que le souverain et le gouvernement sont fixés dans le Brésil même, on a lieu de présumer que cette fertile contrée, qui égale par sa surface plusieurs royaumes de l'Europe, atteindra une grande destinée.

Tous les peuples commerçants de l'Europe n'ont cessé de traiter d'*ombrageuse* la prévoyante sagesse du Gouvernement espagnol, qui s'est refusé à laisser pénétrer les étrangers dans l'intérieur de ses vastes et opulentes provinces de l'Amérique, plus riches encore par les plus rares et les plus précieuses productions végétales, que par l'or, l'argent, les diamants, les rubis, les topazes et les perles, qui y égalent tout ce que les autres continents peuvent en ce genre réunir ensemble : sans une digue insurmontable, l'appât de tant de trésors divers auroit attiré toutes les ambitions, et les seuls restes qui existent peut-être encore sur la terre de la somptuosité de la nature, seroient déjà transformés en de tristes et arides déserts.... On reconnoit à ce régime, la prudente sagesse de la Chine.

Le Gouvernement espagnol, grave, flegmatique, et prévoyant, a gouverné

paisiblement pendant près de trois siècles, ces fortunées contrées : du Chili au
Mexique, et des frontières du Brésil à la
mer Pacifique, régnoit une paix profonde; l'administration y devenoit tous
les jours plus paternelle, et dans aucune
région de la terre, il n'y avoit peut-être
de plus véritable bonheur, parceque l'absence de toute guerre pendant plus de
deux siècles, dans les climats les plus
doux, en sont les éléments les plus certains.

Malheureusement ce calme fortuné a
eu aussi un terme; les passions orageuses
ont été mises en effervescence, et les
résultats les plus certains de ces luttes
tumultueuses, sont une nouvelle effusion
de sang, et la dégradation des plus beaux
pays de l'Univers. Les véritables amis
de l'humanité et de la paix des peuples,
ne peuvent que faire des vœux pour la
prompte fin de cette guerre intestine

et le rétablissement de l'ancienne autorité tutélaire : car s'il s'y formoit un seul État indépendant, ce seroit un germe de guerres perpétuelles pour tout ce grand continent (1).

Le Gouvernement du Brésil et celui des États-Unis, y sont au moins autant intéressés que le Gouvernement espagnol lui-même ; qu'il s'y forme des royaumes ou des républiques, ils seront forcés, ou de devenir conquérants ou d'avoir sans cesse les armes à la main pour se défendre.... Cette guerre est la plus funeste catastrophe qui ait jamais pu frapper l'Amérique.

Déboisements de l'Europe.

Les Romains, qui vouloient dévorer

______

(1) Voyez les observations de M. Fauchat et les lettres civiques de M. Noël en réponse aux écrits de M. de Pradt sur l'Amérique espagnole.

toutes les réputations des conquérants, et régner dans leur ambition fantastique sur tous les peuples connus, ont commencé il y a deux mille ans les premières destructions des forêts de l'Europe. César convient lui-même dans ses Commentaires que, pour pénétrer dans les Gaules avec ses armées, il avoit été obligé de faire des abattis immenses et continuels, et de diminuer ainsi *les forteresses végétales* que la nature avoit léguées à nos vaillants ancêtres, comme moyen de protéger leurs foyers et leur indépendance. La conquête des Gaules et de la Germanie a été d'autant plus difficile qu'il y avoit plus de forêts; les peuples les défendoient avec d'autant plus d'opiniâtreté qu'ils les avoient en vénération, et que les arbres, dans lesquels ils reconnoissoient un des plus grands bienfaits du ciel, étoient pour eux un objet de culte. Tous les anciens conquérants ont été forcés de commencer par faire la guerre aux forêts, comme les premiers obstacles qui s'opposoient à leur ambition : depuis l'invasion des Romains, la guerre n'a cessé d'affliger cette belle Europe, et de détruire l'inappréciable richesse de ses forêts.

Les Scandinaves, les Huns, les Vandales, les Suèves, les Alains, les Goths et les Visigoths, qui innondèrent l'Europe pendant plusieurs siècles jusqu'au fond de la fortunée Bétique et de la Lusitanie, et qui se succédoient avec l'abondance des flots de la mer, avoient multiplié dans les vastes forêts du nord qu'ils habitoient, et qui fournissoient seules et gratuitement à tous leurs besoins : aujourd'hui que l'anéantissement de partie de ces bois a diminué les productions et refroidi les climatures, on n'a plus un pareil excès de population à craindre.

Nous venons d'arriver naturellement à l'observation la plus importante peut-être pour la société, observation qui va soulever une foule de préjugés. Nous l'exposerons avec courage.

Si les hommes de tous les siècles les plus éclairés, n'ont pu avec tous les efforts de la science et du génie, déchiffrer qu'un petit nombre des grands et impénétrables calculs de la nature; si tous ont été réduits à confesser que ses plans sont d'un ordre et d'une sagesse supérieurs à la pénétration de l'esprit humain, à qui il est simplement donné de reconnoître à des preuves multipliées, que toute la création a été ordonnée pour le bonheur de l'homme, il seroit peut-être sage de se borner à envisager dans quel état cette même création lui est apparue, de révérer ensuite cette volonté supérieure, d'en suivre les indications, sans trop s'attacher à des systèmes qui lui sont étrangers.

Presque toutes les parties terrestres du globe ont été visitées par les hommes ; par-tout on n'a vu que trois choses distinctes : des eaux poissonneuses ; de riantes prairies chargées de fleurs qui parfumoient l'air ; des forêts variées, avec les plantes, les oiseaux et les animaux qui appartenoient aux climats : par-tout la moisson étoit préparée, l'homme n'avoit qu'à se montrer pour en jouir ; mais nulle part on n'a trouvé de champ de *céréales*. La nature avoit une autre agronomie que la nôtre ; elle nous délectoit, dans ses quatre saisons de tous les fruits, de toutes les productions des eaux et de la terre, sans exiger de l'homme d'autre peine que celle de cueillir, de ménager et de conserver : dans ses plans conservateurs, il ne devoit se trouver ni *charrue*, ni *moulin*, ni *four*. La *déesse Cérès* des Grecs, beaucoup trop prônée chez les peuples policés, et que la science

Opinion sur les céréales.

n'a que trop accréditée, étoit étrangère
aux plans de la création.

Les graminées se sont trouvées par
toute la terre, modestement mêlées avec
les autres plantes, et affectées aux latitudes qui leur convenoient; les oiseaux
les connoissoient pour leurs graines, et
les animaux comme fourrages : c'est sous
ce rapport que la desserte en revenoit à
l'homme. C'étoit la seule destination que
semble leur avoir donnée la nature ; mais
dès qu'on a établi leur funeste règne au
préjudice du domaine des fructifiantes
forêts, les famines ont pris naissance
chez les nations qui ont eu le malheur
de s'en faire un besoin premier et trop
étendu. Jamais les peuples primitifs n'ont
eu le goût d'un aliment factice tel que le
pain; et aujourd'hui encore, sur mille
millions d'individus qui peuplent la surface du globe, près de six cent millions
n'en font aucun usage.

Beaucoup d'écrivains qui n'avoient ni voyagé ni observé, mais qui suivoient du fond de leur cabinet la routine des préjugés de leur temps, ont prétendu que les premiers habitants de l'Europe, privés de la *science de l'agriculture*, avoient été réduits à la nourriture misérable des fruits du chêne et du hêtre, comme si Dieu, magnifique et libéral dans tout ce qu'il a fait pour l'homme, ne l'avoit créé que pour la misère et le désespoir !

Lorsque nos ancêtres furent attaqués il y a deux mille ans par les Romains, ils formoient déja plusieurs grands corps de nations, tant dans la Germanie que dans les Gaules. Les peuples du Nord, qui ont inondé pendant plusieurs siècles tout le Midi de l'Europe, et qui arrivoient sans interruption, par deux, trois et quatre cent mille guerriers, avoient tous leurs berceaux dans les forêts ; la plupart connoissoient peu ou ne connoissoient pas même l'agriculture. Il y avoit donc pour de si grandes populations, une autre Providence que la déesse Cérès, le chêne et le hêtre.

Les riches prairies, ces grands trésors de la terre, et les immenses pâturages des bois, nourrissoient des troupeaux innombrables de vaches, de veaux, de bœufs, de porcs, de chèvres et de bêtes à laine; la poule, le pigeon, l'oie, le canard et le lapin domestiques, se multiplioient à l'infini près des hospitalières habitations, parceque rien ne leur manquoit; le sanglier, le daim, le cerf, la biche, le chevreuil, le lapin et le lièvre fourmilloient dans les forêts; les perdrix, les gelinottes, les cailles, les faisans, les coqs de bruyère, et mille autres classes nombreuses, remplissoient tous les bocages, et les oiseaux de passage en doubloient le nombre; le miel et la cire se

trouvoient dans tous les creux d'arbres
en abondance ; et toutes les eaux offroient jusque dans les moindres ruisseaux, et la riche série des oiseaux aquatiques, et tous les genres de poissons en
profusion (1).

Si l'on ajoute à cette opulence naturelle toutes les espèces de fruits mélangés par tant de saveurs et de parfums
divers ; les racines succulentes, les légumes farineux ; et cent autres variétés qui
s'offroient par-tout à l'homme, il faut
convenir qu'à toutes les époques primitives où la nature le convioit à sa table
sous le dôme brillant des forets, il étoit
moins à plaindre qu'aujourd'hui, au milieu de ses guérêts, dont les récoltes
tous les jours plus incertaines et plus chè-

---

(1) En 1750, on vendoit, dans la Lorraine allemande, le gibier dans les boucheries, à deux sous
la livre. La corde de bois à 30 sous, etc. etc. etc.

rement achetées, dépendent des météores, dont le désordre a été provoqué par
la destruction des forêts.

Les *forêts*, les *eaux* et les *prairies*,
sont les trois grands laboratoires visibles
de la nature, d'où découlent tous les
biens qui doivent délecter l'homme sur
la terre. Là où ces intarissables sources de
la vie sont le plus en harmonie, se trouvent aussi avec le plus d'abondance les
richesses naturelles, qui remplissent ces
vastes réservoirs de toutes les productions des eaux et de la terre. C'est aussi
dans l'ensemble, dans la réunion des
végétaux, que sont répandus les sentiments de douceur, de grace, de majesté,
d'immensité, que font naître en nous
les paysages, et ces riantes perspectives
végétales.

Les forêts remplissent visiblement
après le soleil, le plus grand ministère ;
elles semblent destinées à régir toutes

les harmonies du globe. Sous leur heureuse influence, tout vit et prospère : dès qu'elles disparoissent, les sources tarissent, les rosées s'éloignent, les prairies perdent leur fraîcheur, la terre se dessèche, les oiseaux et les animaux diminuent, la marche des météores s'intervertit, enfin le céleste et majestueux tableau du Monde s'efface.

Nous verrons dans le chapitre suivant les preuves multipliées, qu'un des pays de l'Europe, situé sous les latitudes les plus douces, où les arts, les sciences et l'agriculture distinguent le plus l'esprit humain, a décliné sensiblement dans ses productions et ses températures, parceque les foibles et éphémères céréales ont eu la puissance d'envahir le domaine des forêts séculaires : c'est l'image vivante de l'esprit humain, qui a voulu corriger l'œuvre éternelle de la création : c'est l'humble hysope, substituée au cèdre majestueux, qui commande aux vents et aux tempêtes.

Corrélations des foréts avec les météores électriques et les poissons.

La nature est remplie de tant de mystères que notre ame semble pressentir et toucher, qu'on seroit tenté de croire que des puissances tutélaires et invisibles gouvernent le monde physique, et ne se rendent apparentes que par leurs effets. Tout paroît animé, et les objets les plus matériels à nos yeux, semblent dirigés par un esprit de concordance générale qui nous étonne, mais que nous ne savons pas assez admirer. Cependant tout ce qui existe est mû par un enchaînement irrésistible de causes secrètes, qui entretient l'ordre dans l'Univers.

La puissance végétale, qui végétalise les eaux et l'atmosphère, parcequ'elle agit sur l'un et l'autre de ces éléments, exerce un empire évident sur l'harmonie des météores. Les météores électriques, chargés de purifier l'espace de l'air des émanations terrestres, présentent à l'homme un spectacle imposant, dont le cœur le plus insensible ne peut repousser l'impression morale. Ces météores, à qui le Créateur a donné les plus orageuses fonctions à remplir, reçoivent des arbres comme conducteurs des fluides, une partie des éléments de leur formation : leur corrélation est telle, ils leur restent tellement subordonnés, que les bois élevés les forcent à se grouper sur leurs hautes et puissantes sommités, à diviser leurs feux destructeurs, à dilater leur sein enflammé, pour verser des eaux fertilisantes sur la terre; à consumer, au bruit du tonnerre, mais avec moins de danger pour les habitations, les matières oléagineuses, alcalines, bitumineuses et sulfureuses, qui chargent et altèrent l'air;

à pomper enfin des zones éthérées, cette fraîcheur, cette sérénité pures, qui allégent, qui flattent les sens, et font encore bénir ces orages effrayants, comme les réparateurs de toute la nature souffrante.

Les arbres peuvent être considérés comme les paratonnerres naturels, destinés à attirer, à absorber ou à diviser les éléments de la foudre; plus ils sont multipliés, plus le danger est diminué pour l'homme et pour ses troupeaux.

Opinion
sur la grêle.

La *grêle* semble aussi devoir sa formation destructrice à la trop grande absence des forêts, parceque les nuages orageux n'étant plus maintenus à une distance convenable de la terre, par de grandes masses de bois, les vapeurs s'élèvent dans les régions glaciales qui congèlent les eaux vaporisées, et les font tomber par masses de glaçons, au lieu de pluies fécondantes. Ces malheurs se renouvellent sans cesse pendant la saison

des orages dans la France déboisée, et
presque toujours au moment où les récoltes, préparées par les travaux de toute
une année, présentent déja la perspective
de leurs prochains tributs : leur perte
devient soudain un objet de désespoir,
au lieu de la consolation qu'elles promettoient.

Comme on ne détruit pas un seul cercle harmonique, sans altérer toutes les
consonnances qui en dépendent, la di
minution des animaux et des poissons a
suivie celle des forêts; les étangs, les lacs,
les ruisseaux, les rivières et les fleuves,
alimentés par des eaux qui s'écoulent
sans cesse sur les dépouilles animales et
végétales répandues dans les forêts, sont
plus poissonneux, les poissons plus beaux
et leur chair plus savoureuse ; par les
mêmes raisons les embouchures des fleuves, plus fréquentées par les poissons de
la mer, qui augmentent ou diminuent

dans ces parages, en raison des plantes, des graisses et des limons, que leur charrient les eaux du continent.

Aussi a-t-on observé que les nombreuses légions de morues, qui fréquentoient autrefois les rivages de l'Amérique septentrionale, ont tout-à-coup disparu. On avoit d'abord attribué cette disparition à l'effet du bruit du canon, qui pouvoit momentanément y avoir été pour quelque chose; mais très assurément l'amaigrissement des eaux des fleuves, la diminution des ombrages et des végétaux qu'elles y trouvoient autrefois, en sont la cause principale. Il en est de même des légions de harengs, de sardines, de maquereaux, de thons, d'alôses, de saumons, d'esturgeons, et de tous les poissons voyageurs, dont la diminution devient par ces causes tous les jours plus sensible, ainsi que celle des oiseaux voyageurs, que la prévoyante nature envoyoit à des époques fixes, sur la table de l'homme.

Ce que les mers, les eaux du continent et les forêts offroient originairement sous ce double rapport avec profusion, est incalculable : l'histoire des pêches et des chasses qui se faisoient il y a seulement un siècle, étonneroit aujourd'hui l'imagination.

Nous venons de présenter rapidement les hautes fonctions que les forêts semblent avoir à remplir dans l'harmonie de la nature; le ministère visible qu'elles exercent sur les météores, sur les eaux vaporisées, sur les climatures, les températures et les saisons; sur la fertilité et la salubrité de la terre; enfin les grandes calamités qui dérivent de leur destruction, et qui affligent les pays où elles disparoissent.

Il reste encore à considérer leur importance, sous le rapport du combustible indispensable pour combattre les rigueurs des saisons, préparer nos alimens, vivifier nos manufactures, et fournir aux constructions, en un mot à tous les arts devenus nécessaires.

Opinion de Sully, de Colbert et de Lamoignon.

Sully avoit déja prédit dans ses économies royales que la progressive diminution des forêts, feroit hausser le prix des denrées, et par suite tout ce qui en dépend. Jamais pronostic ne s'est réalisé d'une manière plus effrayante pour la société : cette crainte si fondée, *que la France ne périsse faute de bois*, a été encore proclamée il y a *cent cinquante ans*, par Guillaume de Lamoignon, un de nos plus grands magistrats, et par le grand Colbert, qui assuroient *qu'il n'y avoit déja dès-lors plus assez de bois en France pour toutes les nécessités de la vie.*

Louis XIV, frappé de l'exposé que lui avoit présenté le ministère, sur la situa-

tion des bois du royaume, crut devoir
tenir un lit de justice spécial à ce sujet,
et il vint le tenir le 13 août 1669 en son
parlement de Paris, où il fit lire et enre-
gistrer cette ordonnance mémorable,
la plus sage qui se soit jamais faite en
France, pour la conservation des *eaux
et forêts*.

Fontenelle, toujours animé de l'amour
de son pays, a écrit courageusement en
1709, sur l'importante nécessité de conserver les bois. Le célèbre physicien
Réaumur écrivit en 1721 :

« L'inquiétude est générale sur le *dépé-*
« *rissement* des bois du royaume.

« On craint que les forges, etc. ne tom-
« bent faute *du bois nécessaire* à leur
« entretien.

« L'intérêt de l'État demande qu'au
« moins la quantité du bois *ne diminue*
« *pas*, quand la consommation augmente.

« Il ne seroit peut-être pas raisonna-

« ble de souhaiter que les terres labou-
« rables fussent remises en bois; mais il
« seroit extrèmement à souhaiter que les
« terrains laissés en bois, nous donnas-
« sent celui dont nous avons besoin, et
« qu'on empêchât leur produit de dimi-
« nuer. » (*Mémoires de l'Académie*,
1721). (1).

A l'époque où Réaumur consignoit
ainsi ses inquiétudes sur l'état des forêts
de la France, il en existoit encore trois
fois autant qu'aujourd'hui, et la consommation des bois s'est triplée depuis, par
la multiplication des feux, des fonderies,
des forges, des verreries, des faïenceries,
des manufactures, des poteries, des fours
à chaux, etc., etc.

Opinion
de Buffon.

Voici ce que Buffon, notre plus grand
naturaliste, a consigné dans son Histoire

______

(1) Depuis cette époque, la charrue a plus que
doublé ses envahissements aux dépens des forêts.

Naturelle : «Le bois, qui étoit autrefois «très commun en France, maintenant «suffit à peine aux *usages indispensa-* «*bles,* et nous sommes menacés, pour « *l'avenir, d'en manquer absolument...*

«Ceux qui sont préposés à la conserva- «tion des bois, se plaignent eux-mêmes «de leur dépérissement... Il faut en cher- «cher le remède, *et tout bon citoyen* doit «donner au public les expériences et les «réflexions qu'il peut avoir faites à cet «égard.»

Comme il n'existe point encore de statistique positive sur les bois de la France, je vais essayer d'en donner une idée approximative.

La surface géométrique de la France se porte à environ cent trente-quatre millions d'arpents; celle des eaux et des prairies pouvant s'élever à environ seize millions, la France étoit donc couverte originairement de cent dix-huit millions d'arpents de forêts.

En 1780, la surface des forêts étoit estimée à treize millions d'arpents; aujourd'hui on la suppose réduite entre six et huit millions d'arpents, c'est-à-dire au seizième de l'état primitif; d'où il résulte qu'environ *cent dix millions* d'arpents de bois sont détruits en France.

Supposons que la surface des landes, des marais, des bruyères et des terres vagues, s'élève à seize millions d'arpents, il s'ensuivra que les cultures en occupent environ quatre-vingt-dix-huit millions, ou les cinq sixièmes de l'ancien domaine des forêts, qui représentoient peut-être au centuple la valeur nutritive des céréales, comme nous aurons occasion de le faire voir plus tard.

On estime qu'il y a entre six et sept millions de feux en France, qui peuvent, avec les forges, les usines, les manufactures et les constructions, s'élever à une dépense de trente millions de cordes de bois par an (1) : les forêts existantes ne pouvant pas fournir régulièrement au sixième de cette consommation, il faut, ou les détruire jusqu'à extinction, pour suffire au besoin du moment, ou souffrir et périr, ou replanter et resemer. Cette dernière opération est le principal but que nous nous sommes proposé de recommander dans cet écrit.

____

(1) Cette estimation est encore fort modérée ; car la seule consommation de Paris, passe déja la valeur d'un million de cordes de bois.

CHAPITRE III.

Tableau des faits physiques, arrivés dans la diminution des eaux, dans les climatures et la nature
végétale, à la suite des déboisements qui ont eu
lieu, tant en France qu'en d'autres pays.

Nous avons établi dans les deux chapitres précédents, les faits et les éléments
généraux sur les fonctions admirables
(trop long-temps méconnues) que les
forêts ont à remplir dans les plans de la
création ; sur les biens solides, durables,
et les charmes célestes que leurs majestueuses draperies répandent sur la terre.
Nous allons voir les preuves déplorables
que par-tout où l'homme s'est écarté des
lois éternelles, en flétrissant aveuglément
la nature, il a diminué les productions
avec tous les éléments de son propre
bonheur.

TABLEAU DU TROISIÈME CHAPITRE.

Ce tableau sera entier : il aura à sa gauche la mer Atlantique, d'où l'on verra s'élever et s'amonceler les nuages, se dirigeant avec violence sur le continent, d'où s'élèveront différents rameaux de montagnes déboisées : d'un côté on verra les eaux inonder les habitations, et de l'autre des arbres déracinés, des moissons renversées, des toits enlevés et des clochers brisés.

On lira au bas :

Tristes suites du déboisement de nos montagnes !

M. de Choiseul-Gouffier a vainement
cherché dans la Troade le fleuve *Sca-
mandre*, qui, du temps de Pline, étoit
navigable : son lit est aujourd'hui dessé-
ché, parceque les bois de cèdres qui couronnoient le *Mont-Ida*, où il prenoit sa
source, ainsi que le *Simois*, et qu'Ho-
mère a tant illustré par ses chants, étoient
depuis long-temps abattus.

Voici ce que disoit en 1801 sur la belle
vallée de Montmorency, M. Cadet-de-
Vaux, un de ces hommes rares, qui peut
montrer toute une vie consacrée au bien
de la société.

« La diminution des eaux, qui fertili-
soient notre vallée de Montmorency, ne
tardera pas à lui faire perdre ses épithè-
tes de belle, de riche, que lui ont prodi-
guées les *Tressan*, les *Jean-Jacques ;*
bientôt on doutera qu'elle ait pu leur
inspirer ces descriptions poétiques, dont
ils ont embelli leurs romans, et auxquel-

les leur brillante imagination ne pouvoit rien ajouter.

« Les nombreuses sources de ses coteaux nord, taries maintenant en grande partie, n'alimentent plus les ruisseaux dont elle étoit coupée; celles même destinées à la boisson de ses habitants, suspendent par intervalles leurs tributs; les bestiaux vont chercher l'eau, qui jadis se trouvoit sous leurs pas; enfin les puits se dessèchent, et le cérisier, l'ornement de notre vallée, qui sur notre sol ne demande que de l'eau pour engrais, ne jouira bientôt plus de cette humidité bienfaisante, à laquelle ne peut suppléer l'industrie du propriétaire; aussi le volume et l'étendue des eaux de l'étang de Montmorency sont-ils considérablement diminués. Il ne subsisteroit même plus sans les coteaux sud, couronnés par la forêt de Montmorency et de Saint-Prix, qui l'alimentent encore. Qu'on vende ces bois, ils seront bientôt abattus, et l'on n'aura ni bois, ni sources, ni ruisseaux, ni étang, ni poisson, ni moulin, et en place de tout cela on conquerra quarante hectares d'un sol bien aride.

« Dans une commune de la vallée, un bois de quinze hectares a été converti en terres labourables, et cette commune a perdu la seule source qui l'abreuvoit, source que ce bouquet de bois alimentoit. Cet abattis est devenu un attentat à la propriété publique; elle a le droit d'en exiger la replantation : *Replante, ou sois maudit*, peut dire à ce propriétaire chacun de ses concitoyens : *Tu me refuses l'eau?* »

L'auteur de *Paul et Virginie*, qui a été un des premiers physiciens à observer les corrélations existantes entre les arbres et les météores aqueux, observe dans ses études de la nature, qu'à l'Ile-de-France, il a trouvé des sources et des ruisseaux desséchés, dans les parties cultivées, où l'on avoit sans ménagement abattu les anciennes forêts, qui, attirant les nuages qui se formoient autour des pitons de l'île, l'alimentoient visiblement des eaux dont elle jouissoit.

Extraits statistiques, imprimés par ordre du Gouvernement, contenant les plaintes et les réclamations des administrations centrales et des préfets sur les défrichements des bois (1).

DÉPARTEMENT DES BOUCHES-DU-RHONE
(1792.)

Les administrateurs de ce département, disent :

---

(1) Mon *Harmonie-Hydro-Végétale et Météorologique*, s'étant trouvée dès 1802, entre les mains de presque tous les Préfets, il peut m'être permis de croire que cet ouvrage a été d'une heureuse influence dans les descriptions qui font l'objet de ce chapitre.

« On dévaste les forêts des montagnes ; les torrents encombrent les canaux d'irrigation.... Ce n'est point la terre qui manque aux *céréales*..... Il y a plus de cent trente mille arpents de terres incultes dans le district de Vaucluse.... Les *verreries* en trop grand nombre détruisent les *pins*.... On met le feu aux taillis, pour avoir plus d'herbes, et par-tout dans les montagnes on garde les chèvres *à bâton planté..... quarante mille pins*, viennent d'être coupés à Marseille, et on se dispose à défricher le sol ! »

RHÔNE (1797).

« Deux forêts nationales ont été vendues (Saint-Romé et Basiége); l'adjudicataire les a fait *défricher*; l'administration a voulu s'y opposer ; le Ministre a soutenu l'adjudicataire. »

M. DE VERNINAC, préfet (1804).

La *température* n'est point celle qui

semble indiquée par sa *latitude*.... L'air y est tellement variable, que l'on n'est assuré d'une *végétation soutenue*, que bien avant dans le printemps... on a vu des bourgeons de vigne brûlés par la gelée du 25 avril... C'est dans la zone, où il y a le *plus de forêts*, qu'on trouve les *sources des rivières*.

DÉPARTEMENT DU GARD (1792).

Les Administrateurs : «On estime à un million la perte causée par les torrents, en 1791 et 1792.»

Ils observent que les bois deviennent de plus en plus rares, et que les forêts du département n'offrent plus que de vastes garrigues (landes et bruyères).

L'olivier, continuent-ils, étoit une grande ressource pour les propriétaires; mais les hivers rigoureux, qui se sont succédé depuis 1789, ont détruit la plus grande partie de ces arbres, et le reste est sans force et sans vigueur.

L'olivier semble aujourd'hui vouloir se dérober à un climat devenu beaucoup plus rigoureux *qu'autrefois*. On ne recueille pas, dans ce moment, la *dixième* partie de l'huile que ce département produisoit autrefois.

BÉZIERS (1793).

Une pétition, signée par plus de trois cents propriétaires, disoit à la Commission d'agriculture :

« Plus des trois quarts des *oliviers* ont péri par le froid excessif de l'hiver... Il sera impossible de songer à la reproduction de ces arbres, si on tolère le parcours des chèvres et des bestiaux.

« Les forêts et les plantations *arrêtent l'impétuosité des vents du nord....* Les immenses forêts, qui nous garantissoient autrefois, sont abattues, et la perte prochaine de nos *oliviers* en sera la suite inévitable.

« Nos montagnes ne sont que des rochers ; les bois disparoissent depuis vingt ans ; la culture à bras, dans les vacants, a fait *descendre la terre;* il ne reste plus qu'un tuf : qu'on juge de la dégradation, lorsque nos montagnes ont un pied de pente par toise ! Enfin les *foréts* ne sont plus que de vastes garrigues. »

M. DUBOIS, préfet (1804).

« Je n'ai jamais conçu qu'un pays aussi chaud, et aussi insalubre dans quelques localités, fût autant *dépourvu d'arbres.*

« Le territoire de Nismes est dans ce cas. On n'imagine pas comment une ville, qui a pris son nom des bois qui l'entouroient, n'offre plus dans son voisinage que des *garrigues stériles,* dont l'aspect afflige le bon citoyen

« Les bois et les foréts, d'ailleurs, ne

présentent pas un spectacle plus consolant; on y voit l'image de la *dévastation la plus effrayante!..* Mille causes... des *défrichements* mal entendus; des troupeaux dévastateurs; l'impunité... la foiblesse ou mauvaise foi des Administrateurs, etc., etc.

DÉPARTEMENT DE L'AUDE (1792).

L'administration dit : «Depuis deux ans, il se manifeste, dans tous les pays du Midi, une fureur de *défrichement*, de laquelle il va résulter une grande diminution de bestiaux, et bientôt l'impossibilité d'acquitter les impôts.

«La fertilité n'est-elle pas où il y a des forêts et des eaux? Et si on n'arrête ces dégradations, la France deviendra stérile et dépeuplée. A Grasse, les oliviers réussissent péniblement, et on attribue cette révolution au *dégarniment des montagnes.*»

M. DE BARANTE père, préfet (1804).

« Les côtes de ce département sont plus exposées aux attérissements.... Les ports de Maguelone et d'Aigues-Mortes, et le vieux port de Cette, n'ont plus d'existence que dans l'histoire.

« Le Rhône forme d'immenses attérissements par les terres qu'il emporte.... Il y a, dans ce département, trois cent quarante mille arpents de bruyères, garrigues, terres vaines et vagues.

« Les montagnes n'offrent plus, ni pâturages, ni bois, ni production d'aucune espèce.

« A Carcassonne, les eaux couvrent un marais de quatre mille arpents.... Dans le pays de Sault, des *défrichements* indiscrets ont diminué le nombre des troupeaux, sans que la production des grains y ait sensiblement gagné ; *les bois ont presque entièrement disparu.*

« Le département, à ses deux extrémités, a conservé d'assez belles masses de forêts....; mais, dans les plaines et les bassins, l'œil ne peut se reposer *sur aucun bouquet de verdure;* point de remises, point d'arbres épars....

« Un désir immodéré de recueillir, a multiplié les défrichements depuis 1770. L'avidité de jouir a dévoré en peu d'années la ressource de l'avenir : les montagnes, ouvertes par la charrue, n'ont montré bientôt *qu'un roc nu et stérile;* chaque sillon est devenu un ravin; la terre végétale, entraînée par les orages, a été portée dans les rivières, et de là dans les parties inférieures, où elle sert chaque jour à l'attérissement des portions les plus basses et les plus marécageuses.

« L'arrondissement de Narbonne, et une partie de celui de Carcassonne, étoient *autrefois couverts d'oliviers....*

Le froid excessif du mois de décembre de 1788, et l'hiver de l'an IV, les ont presque tous détruits ; il n'en reste que dans le voisinage *de la mer ;* ainsi le département de l'Aude a perdu, *depuis quelques années,* cette portion de ses ressources, et il tire d'ailleurs presque toute l'huile qu'il consomme.

« Par-tout le cultivateur paroît découragé.... ; il craint d'essayer de nouvelles plantations, qui pourroient être détruites avant d'avoir porté de fruits.... La vigne a remplacé l'olivier.

« Le bois est très cher et très rare.... ; les départements circonvoisins en sont encore moins bien approvisionnés... Dès le temps de M. de Baville, en 1770, on se plaignoit de la dégradation des forêts.

« Dans les Corbières (ramification des Pyrénées), presque tout est détruit : aussi le bois de chauffage est-il proportionnellement bien plus cher que les bois de construction.

« Les forêts de l'Aude fournissent chaque année, aux forges, *cent soixante mille six cents quintaux* de charbon : il faudroit introduire le *charbon de terre,* pour retarder ou prévenir le dépérissement des forêts.

« On compte dans l'Aude soixante-dix-neuf tanneries : elles sont renommées dans le commerce ; on les appelle *cuirs des Indes ;* le tan qu'on emploie est tiré le plus souvent du petit chêne vert nommé (*ilex aculeata cocci glandifera.*) Il abondoit autrefois dans les Corbières, où il devient de plus en plus rare. »

DÉPARTEMENT DE LA DROME (1793).

« A Saint-Romans, on coupe et on arrache par-tout les arbres pour *défricher.*

« A Valence et à Crest, il n'y a presque plus de bois : les revers des montagnes sont sillonnés par des millions de ravins.

« A Montélimart, les bois communaux sont pelés, et les forêts nationales (qu'on désigne) sont dans le plus grand épuisement. »

M. COLIN, préfet (1804).

« Les *défrichements* imprudents sur les montagnes, destinées par la nature à être *couvertes de bois*, ont déterminé l'éboulement des terrains en pente.

« Ces *défrichements* causent encore un mal plus considérable, parceque les montagnes étant successivement dépouillées de la *chevelure* qui entretenoit l'humidité, *les sources fécondantes* qu'elles produisoient se sont *taries*, et les eaux qu'elles auroient dû conserver, pour les rendre *avec économie* dans les temps de sécheresse, se précipitent en torrents dévastateurs.

« La sommité des montagnes ne peut

donner que des pâturages, et les parties moyennes, qui devroient être aménagés en bois, ne présentent plus, en général, que des *crevasses*, des *périments* et des *hermes* inutiles.

«Les terrains en pente doivent être évalués à *un tiers* de la surface du département... Il est urgent de rétablir cette belle et grande *chevelure*, qui peut *seule* rafraîchir l'atmosphère de la Drôme, faire *renaître les sources*, rendre aux terres leur *ancienne fertilité*, et arrêter enfin les torrents destructeurs de tous les principes de végétation.

«*Toutes les forêts* ont été *dévastées*, et ce qui reste n'est dû qu'à la lassitude des bûcherons, ou au défaut de bras pour les détruire.

«Une forêt, ou suite de bois contigus, d'environ *vingt mille arpents*, connue sous le nom de forêt de *Marsanne*, occupoit le mamelon prolongé d'une montagne, qui s'étend, dans la direction du Rhône, à un myriamètre (deux lieues) de ce fleuve.

« Des hommes encore vivants y ont chassé à la bête fauve ; aujourd'hui la presque totalité *est détruite*, et ce terrain, qui ne présente que des roches calcaires brisées, ne peut pas être cultivé.

Les domaines nationaux étoient garnis des plus beaux chênes, que la loi défendoit même aux propriétaires de couper : ces biens ont été vendus, *les acquéreurs*, séduits par le haut prix des bois, ou *pressés de jouir, sans inquiétudes ultérieures*, ont abattu la plus grande partie des arbres.

« Enfin, on ne trouve plus que des *landes*, où des habitants se rappellent avoir vu de *belles forêts ;* il est donc instant de recourir à une entière réorganisation de l'Administration forestière. »

DÉPARTEMENT DE LA LOZÈRE (1794).

Les Administrateurs de ce département, disent :

« Les habitants, semblables aux sauvages, *défrichent* des terroirs d'une valeur inappréciable..... Par une frénésie plus coupable, ils détruisent, sur les pentes, les arbres qui pourroient les conserver et les embellir ; et, pour la jouissance d'un moment, ils perdent à jamais leur pays.

« L'homme n'est que l'usufruitier des biens qu'il a reçus de ses pères ; il en doit rigoureusement compte à ses descendants.

« Le dépérissement des *châtaigniers* augmente graduellement à mesure qu'on s'approche des montagnes de la Lozère et de Laigoal, qui dominent les Cévennes ; jadis elles étoient couronnées d'épaisses forêts, qui servoient *d'abris* aux châtaigniers *contre les vents du nord.*

«Les monts d'Auvergne, plus élevés que ceux de la Lozère, et qui formoient un second rempart à la zone des châtaigniers, ont aussi été dépouillés, et donnent aujourd'hui *un libre passage à la bise glaciale*, qui détruit l'espérance du cultivateur.

«Les habitants des *causses* (plaines hautes) manquent de bois; on ne voit *plus un buisson* sur les plateaux, autrefois impénétrables.... Il y a moins *d'eau de sources,* et dans un pays haut, près de la mer, on y manque souvent d'eau pour les hommes et les animaux.

L'*olivier* a péri dans plusieurs endroits où il étoit cultivé, et déja le *châtaignier* se ressent de cette différence de température.... Les *fonderies* épuisent les forêts....; les habitants les *défrichent,* les charbonniers en profitent, et les troupeaux voyageurs achèvent de détruire la reproduction.»

M. JERPHANION, préfet (1804).

«Les *défrichements*, en général, sont funestes ; la dégradation du *sol* du pays *montueux*, et la destruction des arbres, qui en sont les suites, doivent faire frémir les amis de la patrie et de l'humanité ; le cultivateur qui détruit les *bois* sur les pentes, perd à jamais son pays pour la jouissance d'un moment ; il ne reste plus qu'un *rocher stérile* : alors, plus de dépaissance pour les bestiaux, plus *d'arbres*, plus de *récoltes*.... J'ai pris des arrêtés pour empêcher.... mais, etc.

«Le partage des biens communaux a été très nuisible à l'agriculture ; on ressent les vices de la loi du 10 juin 1793... ; d'ailleurs, les *défrichements* des communaux sur les pentes, font entraîner les terres par les pluies.

«Le défrichement des bois doit être sérieusement défendu ; il est même *ur-*

gent d'exciter la reproduction de ces grands végétaux, dont la destruction porteroit une atteinte funeste aux arts libéraux et mécaniques, et influeroit sur la *salubrité du climat.*

«Ce département ne possède aucune mine de charbon.... La *température* est si *variable* que, dans le même jour, on en éprouve deux ou trois différentes.

«Les *torrents* occasionent chaque année les plus grands dégâts dans les Cévennes.

«Dans le vallon de Mende (chef-lieu), les *gelées* communément pénètrent jusqu'à deux pieds de profondeur, et jusqu'à trois et demi dans les montagnes du nord, où les rochers granitiques sont plus inaccessibles aux influences de la chaleur centrale.

«Les *sécheresses*, de mémoire d'homme, n'ont été plus extrêmes qu'en 1801... Les gelées de printemps, qui surprennent les arbres en fleurs, ne laissent aucun espoir de récoltes.

« On est réduit à faire venir des noyers d'espèce tardive (1).... La bise est favorable pour la floraison.... Le vent d'Est (le marin blanc) est redoutable aux vers à soie.... On a de plus à combattre des routines barbares : la routine et les préjugés. »

DÉPARTEMENT DE L'ARRIÈGE (1795).

« On va par troupes dans les bois; on vend les fagots, et le peuple en fait un métier : il seroit dangereux de s'y opposer. »

M. BRUN, préfet (1804).

« Depuis que les *défrichements* ont été trop étendus, on a eu moins de pâtu-

______

(1) C'est le noyer de la Saint-Jean, qui ne feuille qu'à cette époque, et souffre par conséquent moins des frimas.

rages, de bétail et d'engrais... Les terres. remuées sur des côtes roides, ont été emportées par les eaux pluviales, et les roches en sont réduites à une *éternelle stérilité*.... Les bonnes terres sont encombrées par les rocailles et les gravats.

«Les *défrichements*, en augmentant le travail, ont *diminué* les récoltes et le bétail; s'ils continuent, des cantons en seront *entièrement privés*.

«Le partage des communaux a été une calamité.... Il faudroit rendre publics les communaux.

«A Mirepoix, on a divisé, en *quatre cents lots*, un communal en pente sur la rivière de Lers : un exemple a déja prouvé que la terre *défrichée* est bientôt entraînée.

«Le département étoit autrefois en grande partie *couvert de bois;* aujourd'hui, plusieurs communes en manquent, et ce sont celles qui en *avoient le plus*, et qui sont situées dans les montagnes : ces causes sont les coupes extraordinaires dans presque toutes les forêts, et sur-tout dans les *bois nationaux* qui ont été *vendus*, et dont elles ont quelquefois payé la *valeur entière du fonds ;* ce sont les pillages que la licence a introduits, et qu'il n'a pas été possible de réprimer par les lois qui existent.

« Le prix *du bois* a doublé en sept à huit ans, et, dans certaines communes, on ne peut en avoir *à aucun prix....* Il est à craindre que plusieurs parties du département ne deviennent *inhabitables....* La vallée de Saurat n'en a plus ; les habitants sont forcés d'aller en *enlever* dans les communes voisines.

« On voit des femmes, par *centaines,* qui vont faire des fagots qu'elles font rouler sur le penchant des montagnes : si cela continue, bientôt il n'y aura plus de bois... Le bétail détruit les bois taillis des montagnes; on n'a pu jusqu'alors l'empêcher.... Les forges consomment huit cents décalitres par jour.... Les réquisitions *pour l'armée* ont fait faire des *coupes désastreuses,* dont les transports militaires profitoient.

« Aux environs de Tarascon, pour avoir plus d'herbe, on brûle les *bois taillis,* comme pour les dessécher.... Il y a dix ans qu'il n'y a plus de *mûriers* aux environs de Pamiers et de Mirepoix; il y a très peu de *haute futaie;* on trouve difficilement du bois pour les constructions et les réparations des bâtiments.

Le pillage des *bois* va en augmentant; les déprédateurs abattent indistinctement toute espèce d'arbres, et les vendent en bois ou en charbon; ils arrachent les jeunes plants, et ils effraient tellement les propriétaires, que, si l'on n'y met pas ordre, tous les arbres disparoîtront dans peu, et ne seront plus remplacés. »

DÉPARTEMENT DES BASSES-PYRÉNÉES
(1795).

«Sur quinze à vingt lieues carrées, on
ne voit plus d'arbre ayant quinze à dix-
huit pieds de haut; les plateaux sont sans
arbres, et la population voisine de l'Espagne, depuis le commencement du siècle, n'a cessé de diminuer et de reculer,
étant *chassée des hautes vallées, par le
manque de combustible.*»

LE GÉNÉRAL SERVIEZ, préfet (1804).

«Le manque de bois semble faire une
nécessité de faire des *plantations,* et
particulièrement d'une espèce de chêne
qu'on nomme le *Tauzy,* qui n'est décrit
ni dans Linné ni dans Tournefort : ce
chêne réussit parfaitement dans les terres
sablonneuses; son écorce fournit le meilleur tan; son gland, quoique petit, est
excellent pour les porcs, et son bois plus
dur; il est préférable au rouvre; il produit des noix de Galle.

« Le défaut de bois a fait abandonner, dans les montagnes de *Baygory*, une mine de fer spathique, dite *Mine d'acier*, une forge et une fonderie.

« Le blé récolté ne suffit pas pour nourrir les habitants; la fréquence des orages, les fortes gelées et les *variations subites* de l'atmosphère y contribuent infiniment.

« Les travaux du vigneron sont souvent infructueux, *suite trop ordinaire des intempéries*. Les ressources que les forêts offroient à la marine, ont sensiblement diminué.

« Les montagnes se dépouillent, et leurs cimes, dépourvues de bois, *n'absorbent plus les eaux;* celles-ci glissent sur une surface *nue* qu'elles sillonnent.... se réunissent en grande masse.... et causent les plus grands ravages.

« On est d'ailleurs généralement convenu *de l'influence des forêts sur l'at-*

mosphère.... L'agriculture, le commerce, les manufactures et la salubrité, se réunissent pour prescrire de les repeupler promptement.

« Un très grand nombre de *causes physiques* rendent les *récoltes incertaines...* On laisse la plus grande partie en terres vagues, et toutes sont frappées par l'impôt.

« Le département des Basses-Pyrennées, situé entre le quarante-deuxième et le quarante-troisième degré, devroit être un des plus tempérés de l'Europe, et un des plus chauds de la France méridionale ; mais les variations qu'on y éprouve *sont aussi nuisibles à la santé qu'à l'agriculture :* elles détruisent la presque totalité des récoltes. »

DÉPARTEMENT DU GERS (1795).

« Les débordements sont désastreux... Les eaux descendent des collines *nues ;*

la Save, cette année, a débordé *douze fois*, et rouillé les prairies, ce qui cause de meurtrières épizooties. »

M. BALGUERIE, préfet (1804).

« *L'atmosphère* doit ses variations aux intercurrences des vents d'est et d'ouest... Les saisons n'ont plus un cours régulier, comme elles l'avoient *anciennement;* dans ces temps, en général, chaque saison correspondoit, par rapport à la température, à la saison de l'année précédente; c'est dans ce sens qu'Hippocrate déterminoit les saisons.... On peut dire qu'il n'y a de constant, dans l'atmosphère, que de continuelles variations.

« Les chaleurs comme les froids *y sont excessifs;* quelquefois le froment et la vigne en sont surpris, et la récolte en est souvent nulle.

« *Les bois de haute futaie,* en chêne blanc et en chêne noir, *sont très rares...*

Les vignes et les futailles en consomment beaucoup : ces sortes de bois sont le fruit d'une longue privation, et on ne peut espérer que les propriétaires se l'imposent volontairement.... Les *bois taillis* même sont devenus rares.... Le merrain vaut jusqu'à douze cents francs.»

DÉPARTEMENT DU MONT-BLANC (1796).

Les Administrateurs du département observent (1) :

«Nos montagnes et nos collines, jadis couvertes de bois, n'offrent plus, par les *défrichements*, que des rocs décharnés et des terres incultes.

«Chaque année, maintenant, nous éprouvons des *sécheresses extrémes;*

____

(1) On trouvera ici les descriptions de plusieurs pays qui ne dépendent plus de la France; j'ai cru devoir les conserver, parcequ'elles peuvent intéresser les Gouvernements qui les régissent aujourd'hui.

les plaines cultivées sont périodiquement inondées et couvertes de graviers : pour l'espoir d'une ou deux récoltes, les habitants réduisent en *landes stériles* des terres propres aux bois.... Les chèvres, ici, sont plus nombreuses que les habitants. »

M. SAUSSAY, préfet (1804).

« Les *foréts* formoient, avant la révolution, une des principales richesses; mais, après avoir été décimées par les agents de la Marine, elles ont été long-temps abandonnées à la plus *entière dévastation ;* la cognée a frappé par-tout; l'armée des Alpes et les incendies ont *dépeuplé* des *foréts immenses ;* on a même détruit jusqu'aux moyens de reproduction.

« La loi du 10 juin 1793, sur le partage des communaux, a fait dépeupler les forêts; les affouages n'ont lieu qu'au pré-

judice des montagnes voisines ; de là
vient la fréquence des *avalanches,* des
torrents et des *éboulements* de terres. »

DÉPARTEMENT DES VOSGES (1797).

« Les montagnes sont épuisées et dé-
gradées ; on en attribue la cause aux
défrichements et au partage des bois
communaux ; maintenant, par l'effet du
dégarniment, des *coups de vent* y déra-
cinent de toutes parts les plus beaux arbres qui y sont restés. »

M. DESGOUTES, préfet (1804).

« Le sol, en général, est ingrat et ro-
cailleux…. On a beaucoup trop *défriché ;*
on a coupé presque par-tout les arbres
épars dans les champs, on a défriché des
bois ; de là moins de *vapeurs salutaires
aux plantes,* et plus d'aridité.

« Les *inondations* sont plus fréquentes
que jamais ; la Moselle déborde souvent
(en 1806, neuf fois).

« Les renseignements fournis par l'Administration forestière, sur les *foréts*, les présentent, en général, comme marchant *rapidement à leur ruine*..... De promptes mesures appellent l'attention du Gouvernement.

« Les *foréts* forment la richesse de ce département; les droits d'usage sont trop multipliés et excèdent par-tout la force des *foréts*.... Dans l'arrondissement d'Épinal, la majeure partie *des sapinières* est à peu-près épuisée.

« Abroutissements, anticipations dans les délivrances, coupes *dénuées de futaies*, les feux qu'on allume pour *faire des cendres*, tels sont les fléaux.

« Les forêts de Saint-Diez sont dans le même état; celles de Lunéville avoient été livrées à l'avidité de leurs usufruitiers.... Les *brûlées* attaquent les futaies, rendent le sol stérile pour un siècle, et ont causées les clairières qui existent.

«Les gardes causent la ruine des forêts, parcequ'on n'en fait pas de bons choix; leurs places ne sont recherchées que par ceux qui spéculent sur les délits, ainsi ils en *deviennent le fléau*. Il ne falloit pas leur ôter leur part dans les amendes.

«Les Administrateurs avoient plus à gagner en coupant qu'en conservant.... Supprimer beaucoup de *scieries*, interdire le vain parcours aux bestiaux, régulariser les droits d'usage, etc.... Le Gouvernement ne peut trop se hâter, s'il veut prévenir *la ruine totale des forêts*.

«Les demandes des Hollandois ont dépouillé insensiblement le pays des *superbes futaies* qui peuploient la superficie de nos forêts (1).»

DÉPARTEMENT DES BASSES-ALPES (1792).

Les Administrateurs écrivent:

____

(1) La Lorraine peut en dire autant, et quelques marchands étrangers en ont seuls profité.

«Nos montagnes n'offrent plus qu'un *tuf pierreux*..... Les *défrichements* se multiplient ; les plus petits ruisseaux deviennent des torrents, et plusieurs communes viennent de perdre leurs récoltes, leurs troupeaux et leurs maisons, par les débordements.

«On attribue la dégradation des montagnes aux *défrichements* provoqués par les arrêts du Conseil, et à la pratique du fournelage, ce qui cause l'agrandissement et l'encombrement des lits des rivières.

«Depuis Digne jusqu'à Entrevaux, le penchant des plus belles collines est mis à *nu*; on a coupé et défriché les bois; et cependant, n'est-ce pas du séjour des forêts qu'on voit sortir les *sources* et les *ruisseaux*, qui portent au loin une fraîcheur salutaire? n'est-ce pas le sommet des arbres qui agite les nuages, attire les vapeurs, et sollicite des pluies pour la terre? n'est-ce pas où les bois sont nombreux que les rosées sont abondantes, que les hommes sont forts, les animaux robustes, et les eaux salubres?

«On *incendie* et on *défriche* jusque dans les escarpements; ainsi les habitants emportent, en fagots, la valeur d'une forêt en espérance.

DÉPARTEMENT DE L'ISÈRE (1793).

Les Administrateurs disent :

«La destruction des forêts *change la température, augmente la sécheresse,* et fait manquer les récoltes.

«Les *défrichements* sont portés si loin dans le district de Grenoble, que chaque pluie cause des désastres.

«Les montagnes n'offrent que des *rochers nus....* Les rivières coulent plus rapidement; leurs lits s'élargissent, et ils sont trop étroits dans les crues subites.

« Les rivières n'ont plus *un volume d'eau constant;* elles charrient des décombres, obstruent la navigation, et préparent un fâcheux ordre de choses.

« Il y a infiniment *moins de sources;* des cantons sont privés de la culture des *oliviers,* dont ils jouissoient autrefois, et il n'y a plus d'irrigations. »

Un agronome de l'Isère écrivoit, à la même époque, à la Commission d'agriculture, que l'Administration du département n'avoit dit *que la moitié du mal.*

DÉPARTEMENT DE HAUTE-LOIRE (1797).

Les Administrateurs disent :

« Nous sommes menacés d'une prochaine disette de bois. »

DÉPARTEMENT DE SAONE-ET-LOIRE.

Les Administrateurs :

« Les *défrichements* sont portés au dernier degré.... Une disette prochaine est à craindre.

«Dans un siècle, le merrain ne pourra suffire à contenir les vins; *on abat partout les futaies.*»

DÉPARTEMENT DE HAUTE-SAONE.

«Nos montagnes sont pelées.... »

DÉPARTEMENT DU DOUBS.

«Le partage des *bois communaux* a fait abattre par-tout les *arbres,* même sur les monts et les rochers.»

DÉPARTEMENT DE LA MOSELLE.

L'Administration centrale :
«Les habitants du district de Bitche, ont, de leur chef, abattu et *défriché* plus de *seize cents* arpents.

«Les habitants d'Authorne et Saremberg, en masse, ont *défriché* plus de cent cinquante arpents de forêts, et tout brûlé sur place.... *On en vend la cendre.*»

DÉPARTEMENT D'EURE-ET-LOIRE (1792).

« Les adjudicataires des biens nationaux *abattent tous les arbres*, etc. »

DÉPARTEM^T. DES PYRÉNÉES-ORIENTALES.

Les Administrateurs disoient, au sujet des *défrichements :*

« Les cailloux des monts, entraînés par
les eaux, encombrent les lits des rivières,
et les font déborder.

« Nos superbes forêts de Ceret et de
Prades sont détruites.... Il n'y aura bientôt plus de bois de chauffage ; les bois
taillis ne peuvent suffire aux forges, *et
la rigueur des saisons* a fait périr une
grande quantité d'*oliviers.* »

DÉPARTEMENT DE LA HAUTE-GARONNE
(1795).

« Un adjudicataire national a vendu
une forêt de trois cents arpents, à différents particuliers, sous la condition de
la *défricher.*

«On défriche le sommet des montagnes; on arrache les arbres, et ces arbres et ces montagnes nous *préservoient des frimas*, en ce qu'ils servoient d'abris aux vallons, où prospéroient les *vignobles* et les *oliviers*.... Les pluies entraînent la terre; il n'y reste qu'un tuf stérile, et alors plus de dépaissance pour les bestiaux, plus d'*abris* et plus de *récoltes*.

«On a vu périr, en Languedoc, les *oliviers* sur des collines où ils avoient constamment prospéré; et déja, dans les pays de plaine, il y a moins de *bestiaux* et de *grains*.»

DÉPARTEMENT DU HAUT-RHIN (1798).

«Les forêts abattues, tant dans les plaines que sur les montagnes, ont changé le *climat*, ont ouvert des *passages aux vents*, qui font périr les *fleurs* des arbres et des vignes, changent les pluies en ondées, les montagnes en *rochers stériles,* les plaines en *champs brûlants,* et l'influence qu'elles ont sur la *santé de l'homme,* n'est peut-être pas moins grande. »

DÉPARTEMENT DE LA COTE-D'OR (1798).

« Il y a une manie continuelle d'essarter et de défricher..... Il n'y a plus de *futaie,* et on va manquer de *merrains* pour envaisseler les vins de Bourgogne et de Champagne.... Bientôt il ne sera plus possible de livrer nos sels, *aux Suisses,* dans des tonneaux. »

DÉPARTEMENT DU NORD (1798).

Les Administrateurs :

« L'abattis des bois est à son comble, et on les *défriche;* il n'est pas de *bois national* qui ne devienne la proie des spéculateurs : le paiement en est à peine effectué, qu'ils sont couverts d'ouvriers qui les *rasent.* »

DÉPARTEMENT DE LA MANCHE (1798).

« Dans la forêt de Sainte-Sévère, à Vire, on y met à garde-fait les bestiaux ; on y arrache les souches, et on enlève même jusqu'à la terre végétale. »

DÉPARTEMENT DU PAS-DE-CALAIS (1798).

« Il y a par-tout un grand *abattis de bois*, et cela présage une grande disette. »

DÉPARTEMENT DE LA DORDOGNE (1798).

« Des réquisitions pour l'armée ont fait abattre de grandes parties de forêts, qui ont aussitôt été *défrichées.* »

DÉPARTEMENT DU FINISTÈRE (1798).

« Les acquéreurs de *bois nationaux* intentent des procès à ceux qui ne *défrichent* pas comme eux.

« On ne brûle plus, dans certaines contrées, que des *landes,* des *genêts,* et des *fientes de vaches....* A Roscoff, on arrache les arbres *fruitiers* pour les brûler....

A Plongastel, il n'y a pas un buisson maintenant. »

DÉPARTEMENT DE SEINE-ET-MARNE.

«On a laissé vendre et *défricher* les bois de Pennemont et d'Henry, près Meaux....»

DÉPARTEMENT D'EURE-ET-LOIRE.

«Les agents forestiers avertissent que les adjudicataires des biens nationaux *abattent toute espèce d'arbres.*»

DÉPARTEMENT DE L'AVEYRON (1804).

« La plupart des bois ont été *rasés ;* le peu qui reste cédera bientôt à la hache des pillards, à la dent meurtrière des bestiaux, et à *l'avidité des nouveaux acquéreurs....* Les chèvres se multiplient d'une manière alarmante pour les forêts et les arbres fruitiers.... Ici est l'adage : *Que toute chèvre emporte chaque jour une charretée de bois sur ses cornes.*»

DÉPARTEMENT DE LA MEUSE (1804).

« Le partage des communaux.... a diminué les engrais, les récoltes et augmenté le prix de la viande.... par la même cause, les forêts sont exposées *aux abroutissements* des bestiaux.... il a fait multiplier les procès.... il sembloit être un premier essai de la loi agraire. »

DÉPARTEMENT DE LA MEUSE-INFÉRIEURE (1804).

M. LOYSEL, préfet.

« Les bois sont d'une conservation difficile.... ce qui n'a pas peu contribué à leur dévastation.... on coupe ordinairement les taillis à l'âge de huit à neuf ans.... les ouragans détruisent ou arrachent beaucoup d'arbres. »

DÉPARTEMENT DES DEUX-NÈTHES (1804).

M. D'HERBOUVILLE, préfet.

« Dans la *haute futaie* et les *bois de*

pins on n'abat pas de suite ; mais on parcourt un espace quelconque, et quand tout le bois commence à dépérir, *on abat le tout ;* on enlève même les souches : ce qui s'appelle *déroder.* »

DÉPARTEMENT DE LA VENDÉE (1804).

M. MERLET, préfet.

« Le sol porte l'empreinte du long séjour des eaux de la mer.

« Dans les parties élevées, il ne croît que de l'ajonc et de la bruyère ; les landes incultes sont immenses...

« Dans le bocage, *la chaleur est tempérée par l'ombre des arbres ;* le climat des marais dévore les habitants.

« La plus grande partie des *sources* proviennent des forêts.... les landes écobuées rendent à jamais la terre infertile.

« Les *incendies* causés par la guerre ont dévoré une partie de ce département.... l'avidité fait faire sur les plus beaux bois des spéculations réellement effrayantes : la marine est menacée de perdre ses ressources.

DÉPARTEMENT DE L'YONNE (1804).

M. DE LA BERGERIE, préfet.

« Ce département est peut-être celui qui offre les plus tristes effets de la destruction des bois, et contre lequel viennent s'évanouir *les fatales assurances données, que l'intérét privé suffit pour la conservation des bois.*

Le centre très montueux ou mameloné, est entièrement dégarni de bois et même d'arbres; il ne possède plus que des bois taillis à ses extrémités ; il n'y a plus de *futaie*, pas même dans la Puissaie, qui en étoit si riche autrefois.

« Cependant les vignobles de l'Yonne sont immenses, et le mode de leur culture exige une grande consommation de *bois*, pour les échalas et pour les tonneaux. Croira-t-on à Paris que, pour ce dernier objet, depuis environ vingt-cinq ans, on a recours aux forêts de la Lorraine et des Vosges, et que le prix de ces bois ouvragés, a plus que triplé dans l'espace de vingt années.

« Dans la partie du sud, les sécheresses sont extrêmes ; des villages considérables en sont réduits, à faire des trajets de *deux à trois lieues* pour aller chercher de *l'eau.*

« A Courson, à sept lieues du chef-lieu, des vieillards ont vu *deux moulins* sur le ruisseau d'une fontaine qui ne coule plus qu'en hiver ; *tous les bois circonvoisins ayant été défrichés.*

« Les belles fontaines de Druyes, qui autrefois ravivoient constamment la rivière de l'Yonne, donnent à peine des eaux par *trois bouches, sur onze* qu'elles avoient il y a moins d'un siècle.

«Sur d'autres points, les ruisseaux ne sont que des torrents. Il n'est pas cependant de contrée où l'intérêt privé devroit plus exciter à conserver des bois, à en semer et planter, puisque toutes les rivières affluent à la Seine.

«Encore quelques périodes dans le prix des bois, et il faudra abandonner la culture de la *vigne en Bourgogne* (1).»

DÉPARTEMENT DE LOT-ET-GARONNE (1804).

M. PIEYRE, préfet.

«La prospérité intérieure d'un État,

(1) M. de la Bergerie, un de nos agronomes les plus éclairés, qui s'occupe depuis de longues années, avec un cœur de bon citoyen, de la prospérité de l'agriculture françoise, a publié en 1817, un travail fort intéressant sur le haut intérêt avec lequel on doit enfin considérer les forêts. De pareils ouvrages ne sauroient assez se multiplier, pour fixer l'attention des Gouvernements, sur les maux physiques qui menacent tous les pays.

est toujours en raison du perfectionnement de son économie politique.

« De longues alternatives de pluies et
de sécheresses, y dérangent souvent le
cours des saisons, et nuisent beaucoup
aux récoltes; une sorte de météore, appelé *brouillard* dans le pays, afflige fréquemment les campagnes dans le printemps, et détruit à-la-fois les *plus belles
récoltes.*

« Depuis vingt ans, *le prix du bois* s'est
élevé dans une progression d'autant plus
rapide et plus désastreuse, qu'on ne
prend aucun soin pour le multiplier et
pour le conserver.... Cependant le *temps
presse;* pendant la révolution, l'Administration forestière est restée sans vigueur.... Il n'existe plus *maintenant de
haute futaie* dans ce département..... Le
bois de charpente y est rare, et celui pour
la marine en petite quantité.

« Les arbres à liége font le principal

revenu de cet arrondissement (les landes); le produit, en 1789, s'éleva à cent mille myriagrammes : depuis, les hivers rigoureux l'ont réduit d'un tiers.

« Sept forges à fer coulé ne vont avec activité que six mois de l'année, à cause de la rareté du bois. »

DÉPARTEMENT D'ILLE-ET-VILAINE (1804).

M. BORIE, préfet.

« La forêt de Painpont est la plus étendue... Les pillages des usagers l'ont laissée dans un état de dégradation qui ne suffit plus aux forges; les acquéreurs se sont empressés de détruire beaucoup de *futaies* et d'*avenues,* dépendantes des anciennes possessions des émigrés.

« Les *landes* de ce département sont de vastes plaines *incultes* et *sauvages,* converties en *bruyères*.... Elles furent jadis des *forêts;* on en enlève la terre végétale, et on laisse à *nu* le *roc,* ou une couche de glaise compacte et morte, à laquelle le laps d'un siècle ne rendra pas la végétabilité.

«Les chèvres menacent les taillis et les clôtures d'une entière destruction.»

DÉPARTEMENT DE VAUCLUSE (1804).

M. BOURDON-VATRY, préfet.

«Les vieillards assurent qu'autrefois les *vents du couchant* apportoient souvent des pluies en été; ils soufflent à la même hauteur; ils *s'entre-choquent*, de là des ouragans.

«Avant 1789, on passoit plusieurs hivers sans voir de neige dans nos plaines.... Maintenant il en tombe chaque année; elle couvre en entier la surface de la terre, et jusqu'à interrompre les communications.... Quelles qu'en soient les causes, notre *climat* n'est bientôt *plus reconnoissable*.

«A des jours purs et tempérés, succèdent des *froids âpres* et *rigoureux*, semblables à ceux des contrées septentrionales de la France.

«A l'abri des montagnes qui sont au nord, l'*olivier* s'est conservé; *les causes qui l'ont entièrement détruit ailleurs, en ont ici diminué le nombre....* L'huile autrefois étoit une source de richesses; elle n'est presque plus un objet d'exportation.

«Depuis le dépérissement des *oliviers,* il n'est, pour la montagne, que la vigne, l'orge et le sainfoin....

«Une vaste forêt de *chênes blancs,* d'*yeuses,* de *mélèzes* et de *pins,* couvrit toute cette contrée : c'est une vérité attestée.... La charrue vint sillonner les fonds.... Aujourd'hui, le *déboisement* du département est à-peu-près consommé, par l'effet des *défrichements,* par la tourmente révolutionnaire; et l'*olivier* s'est réfugié dans quelques abris isolés; on en attribue le dépérissement *aux dévasta-tions des bois,* dont les hautes montagnes étoient couvertes : on ne sauroit douter, en effet, qu'ils ne les protégeassent contre ces *redoutables vents du nord,* qui *maintenant* arrivent sans obstacle, chargés de tous les frimas des *régions boréales....* L'olivier prospéroit dans la vallée de *Sault,* avant que la plupart des montagnes eussent *été défrichées....* Le *noyer* remplace aujourd'hui l'*olivier....*

«Le *reboisement* du département, et sur-tout des hauteurs aujourd'hui dépouillées, est un objet dont on ne doit pas moins s'occuper.... *ce qui dépend du Gouvernement* et de la confection d'un bon code rural.

DÉPARTEMENT DE LA MARNE (1804).

M. DE JESSAINT, préfet.

«A l'est et à l'ouest se trouve un *ter-*

rain immense.... dénué d'arbres et d'a-
bris.... Là, se trouvent des plaines de
deux à trois milliers d'hectares, plates et
unies, sans qu'un seul arbre découpe la
voûte du ciel...; là, l'esprit de destruction a plané sur ce malheureux pays....
On a arraché les *avenues*, les *buissons*
et les tertres.... Il existoit, il y a dix ans,
environ cinq à six cents hectares de *bouquets de bois*, répandus ça et là : plus
des deux tiers sont *essartés* et *labourés*...
La charrue s'y est changée en instrument
destructeur. »

DÉPARTEMENT DE DEUX-SÈVRES (1804).

M. DUPIN, préfet.

«La température est plus favorable
dans la partie méridionale, parceque
cette partie est abritée des vents du nord,
par une chaîne assez élevée et *couverte
de foréts;* les productions y sont plus

précoces ; il y a plus de vignes et une plus *grande population.*

« L'*écobuage* détruit tous les principes essentiels de la végétation, et la terre *écobuée* tombe dans la classe des terres ruinées et *stériles....* Il est même de vastes communes qui sont entièrement *dépourvues* de bois.... Les forêts du nord du département *sont généralement dévastées.* »

DÉPARTEMENT DU BAS-RHIN (1804).

M. LAUMOND, préfet.

« Les forêts du département ont éprouvé des dégâts considérables.... On y a fait des *abattis immenses* pour les places fortes.... En 1799, plus de *vingt mille* corps d'arbres.... Les incendies se sont multipliées dans le courant de l'été 1800 : plus de trois cents arpents furent la proie des flammes dans la seule forêt d'Haguenau. »

DÉPARTEMENT DE LA SARTHE (1804).

M. AUVRAY, préfet.

« *Les foréts et les bois,* tant nationaux que particuliers, ont souffert des déprédations considérables depuis la révolution ; *un cri d'indignation s'élève....* Il faut être sur les lieux pour s'en faire une juste idée.... Plus on est révolté, moins on conçoit qu'il se soit commis de tels délits sous les yeux de tant d'autorités surveillantes.

« De *gros arbres abattus,* des pièces de *marine,* des piles de *merrain* enlevées ; des arbres de toute espèce emportés en fagots ; les bois taillis dévastés par les bestiaux, par une horde continue de pillards, la hache à la main.... Tel est le désordre qui n'a pas encore cessé aujourd'hui.... La loi ni les gardes n'ont pas assez de force pour en imposer aux pillards.

« Jusqu'à présent, les agents de la nouvelle Administration n'ont pas fait preuve d'une *grande sévérité*, ni même du desir d'arrêter le mal ; quelques uns, se croyant *indépendants de l'autorité administrative*, n'ont pas craint de hasarder des propos injurieux : ils se regardent comme appartenant à un corps privilégié.

« Pour se faire une idée des désastreuses anticipations, livrées à toute la cupidité de la plupart des Administrations, il suffit de jeter les yeux sur les ventes ordinaires, et sur leurs produits dans ce seul département :

« Dans les années VII, VIII et IX, les coupes et chablis ont produit 566,208 fr.

« La vente des domaines nationaux a été poussée avec une précipitation désastreuse ; elle se monte, jusqu'à ce jour, à 155 millions 408 mille francs.

« Les soumissions ont été admises avec une légèreté et une indiscrétion scanda-

leuses : soit par la nature de l'objet aliéné,
dont il étoit sage de faire la réserve, soit
pour la contenance ou l'évaluation.....
sur des extraits.... sur des baux ou sur
des procès-verbaux, dont les auteurs
étoient souvent des parties intéressées....
Telle a été l'imprévoyante âpreté des
Administrateurs de ce temps.»

DÉPARTEMENT DE L'ORNE (1804).

M. DE LA MAGDELEINE, préfet.

«Les acquéreurs des biens nationaux,
peu confiants ou pressés de jouir, ont
spéculé sur le produit du moment, et
épuisé les fonds : un très grand nombre
a détruit toutes les *plantations,* les *clôtures* et jusqu'aux *arbres fruitiers....*

«Le produit des arbres fruitiers est
considérablement diminué depuis dix
ans : les *saisons* sont devenues plus *irrégulières ;* les récoltes ont manqué pendant quatre années consécutives.... Dans

les plus mauvaises années, il y avoit toujours des cantons favorisés; en l'an 1800, on n'a pas récolté un seul *tonneau de cidre* : les anciens n'ont pas mémoire d'une telle année.

« Il existoit des pépinières précieuses ; on les a détruites... La *rareté du bois* doit fixer l'attention du Gouvernement.... On sent le besoin d'un code forestier.... On a trop long-temps regardé les *places des eaux et foréts*, comme des *places de faveur et d'agrément;* elles exigent *plus de connoissance* qu'on ne le *suppose* ordinairement. »

DÉPARTEMENT DE SAMBRE-ET-MEUSE
(1804).

M. PEREZ, préfet.

« Les *foréts* sont généralement *dévastées;* le bois devient de jour en jour plus rare; on *défriche* les terrains eu bois....»

DÉPARTEMENT DE L'OURTHE (1804).

M. DESMOUSSEAUX, préfet.

« La *dévastation des foréts* y est portée au comble, et l'état des bois n'est pas plus satisfaisant; c'est le résultat d'une Administration insuffisante, et de lois incomplètes. »

DÉPARTEMENT DU TARN (1804).

M. LAMARQUE, préfet.

« Dans les environs de Lavaur, on cultivoit beaucoup autrefois le *mûrier;* aujourd'hui très peu.

« Le prix du bois augmente chaque jour, et l'on s'aperçoit qu'il devient *rare :* le merrain est exporté à Bordeaux et à Montpellier.

« Des *genéts,* des *bourdaines,* remplacent les antiques chênes de la forêt de Gresigne, concédée à M. de Maillebois, et qu'il a fait *défricher* par des Saxons. »

DÉPARTEMENT DE L'AISNE (1804)

M. DAUCHY, préfet.

« Les *bois nationaux* vendus ont, pour la plupart, perdu toute leur valeur entre les mains des acquéreurs, qui les ont achetés par petits lots, et qui, *pressés de jouir,* les ont *abattus* à blanc-étau.

« Ils ont d'ailleurs tellement rapproché les coupes, qu'ils ne leur *donnent pas le temps de repousser.*

« Le mauvais état des forêts fait craindre de ne pouvoir pas même entretenir trois fours à-la-fois à la manufacture de glaces de Saint-Gobin, où il n'y a plus *qu'une seule halle,* de cinq qui existoient avant 1790. »

DÉPARTEMENT DE LA CHARENTE (1804).

M. DELAISTRE, préfet.

« Les bois de construction proviennent de nos forêts environnantes.... Un bon code forestier est nécessaire pour conserver à la France les précieux restes de sa richesse en bois, qui finiront par nous livrer à une *disette effrayante*, et d'autant plus funeste que l'on aura plus de raisons d'en *accuser* la génération actuelle.

« On réclame de toutes parts l'exécution de l'ordonnance de 1669.... C'est un *vœu national*, que le Gouvernement ne veut ni ne peut méconnoître. »

DÉPARTEMENT DU CHER (1804).

M. LUÇAY, préfet.

« Les bois d'*usagers* sont broutés et coupés dans toutes les saisons...... Ils n'offrent plus que l'aspect misérable de *bruyères* et de *pâtis*...... Les incendies causent des destructions : le Conseil de l'an VIII a présenté des observations importantes. »

DÉPARTEMENT DE L'ALLIER (1804).

M. HUGUET, préfet.

« Ce département offre une des *variétés de climats* les plus sensibles que l'on puisse rencontrer.... Il y règne des alternatives extrêmes de *froid et de chaud.*

« Les *vents du sud-ouest*, qui, au printemps, portent presque sur toute la France un temps doux et humide, ne nous arrivent que chargés de *frimas,* qui règnent sur les sommets glacés des montagnes..... A ces froids succèdent de longues sécheresses; on croit devoir attribuer ces effets *à la destruction* d'une grande partie des bois dans les terrains élevés.

« On les coupe à douze et quinze ans.... on en épuise le fonds.... Les bois de *haute futaie* étoient superbes il y a *quarante ans....* Un ordre invariable et sévère est nécessaire pour remédier aux pillages, et pour sauver au moins, *à la postérité*, l'inquiétude d'une disette générale, et peut-être prochaine, des bois de chauffage et de construction.

« La culture du *mûrier* est aujourd'hui presque totalement *abandonnée*.... Cependant, d'après l'expérience, la soie pourroit être une production de notre climat. »

DÉPARTEMENT DES HAUTES-ALPES (1804).

M. DE BONNAIRE, préfet.

« Le *climat est froid*, parceque le vent passe sur des pics élevés, où sont amoncelées des glaces éternelles..... L'hiver dure long-temps... La *température* varie dans la même journée.... La *grêle* menace jusqu'à l'instant des moissons.

« Les torrents sillonnent les flancs des montagnes... Au moindre orage, ils grossissent; il grondent comme la foudre, roulent des rochers et renversent tout;

ils menacent les villes et les villages, et couvrent les environs de ruines et de débris....

« Il y a des villages qui, depuis peu, ont perdu la presque totalité de leur territoire.

« La plupart des montagnes étoient, il n'y a pas long temps, couvertes de *belles foréts ;* aujourd'hui leurs sommets ne présentent qu'une nudité affligeante, que des rocs décharnés et stériles.... Par-tout on a *défriché* sur le penchant des montagnes ; des ravins profonds les sillonnent ; les torrents se précipitent avec fureur ; ils entraînent avec eux la *terre végétale ;* ils inondent et encombrent les vallées..... L'ame est *navrée* du spectacle que présentent aujourd'hui les vallées des Hautes-Alpes ; le *bois* manquera bientôt pour la consommation, et il n'y a jusqu'à présent aucun moyen pour y suppléer....

«Dans le canton de Grave, on ne se chauffe déja plus qu'avec de la *bouse de vache* séchée au soleil!...»

DÉPARTEMENT DU VAR (1804).

M. FAUCHET, préfet.

«Expose que, dans les pays de plaine, l'abattis d'une vaste forêt *change subitement la température,* et que *l'abri* disparoît...; qu'en 1791 et en l'an V, le thermomètre y est *descendu* jusqu'à sept degrés et demi au-dessous de zéro.

«Quant à la diminution des *sources,* elle est *considérable* depuis les *défrichements ;* il est hors de doute que la chute des forêts *a fait tarir* presque toutes les petites sources, et *atténué considérablement* les plus importantes.

«Lorsque des pluies tombent sur des *terres penchantes* et dépouillées de végétaux, elles se changent en torrents superficiels, les forêts en ralentissent la vitesse, et elles se forment des *réservoirs* : il n'est donc pas indifférent qu'il y en ait sur les *cimes des montagnes.*

«L'évaporation est peu considérable où il y a des forêts : les *sources* doivent donc être *abondantes* dans les pays boisés, et elles *diminuent* par les défrichements.

«L'écoulement des eaux pluviales et l'évaporation sont dans leur plus grande force quand les terrains en pente ne sont pas couverts *par des forêts.*

«Depuis le déboisement du Var, *l'air atmosphérique* est d'une constitution vive et sèche; l'humide que les *forêts* entretenoient en tempéroit *l'excès;* aujourd'hui les *défrichements* les ont fait disparoître, et cette propriété nuisible a repris toute son *intensité.*

«Quand les *bois* environnoient les parties basses et sujettes aux inondations, ils empêchoient la formation du gaz dé-

létère, ils le changeoient en principe nu-
tritif, ils consommoient en gaz hydro-
gène carbonneux, et ils enrichissoient
l'atmosphère d'une grande quantité d'oxi-
gène qu'ils poussoient en dehors par la
force de la vie, neutralisant ainsi les
miasmes des marais.

« Depuis le *déboisement*, les plaines
d'Hières, Fréjus, la Napaule, Saint-Tro-
pez, etc., sont devenues malsaines, et
leur état empire tous les jours.

«Les rivières et les marais, par leurs
exondations, forment des marais... Les
attérissements ont toujours lieu sur un
plan horizontal, même en contre-pente;
et leurs couches sont d'autant plus épaisses, qu'elles approchent de la côte. Ce
phénomène hydraulique est produit par
la hauteur des vagues et par les barres
des galets qu'elles accumulent; alors les
eaux demeurent stagnantes aux embouchures, les herbes marécageuses survien-

nent et s'opposent à une prompte évaporation ; et les *marais* qui font le désespoir de l'art, dévorent des générations entières.

« Ces malheurs avoient déja occupé les états de Provence... Les abords des fleuves et des ruisseaux sont bien différents de ceux de l'Océan : il faut donc d'autres lois.

« Depuis vingt-cinq ans on sollicite le dessèchement des *marais,* des sources d'Argence, un des plus terribles du midi : dix mille francs auroient suffi, et il existe encore.

« La Convention avoit consigné *un fatal denier* aux administrations pour les ventes du domaine national, ainsi qu'aux agents forestiers pour les coupes ; celle du Var, le croira-t-on, a vendu à bas prix en l'an vi, à une *compagnie,* la superficie de l'ancien port de Fréjus, dont les états de Provence avoient entrepris le comblement par la voie des *eaux* d'un *torrent ;* plus de *cent mille écus* avoient été dépensés pour ces travaux utiles et *salubres ;* mais les acquéreurs ont laissé dépérir les écluses, le torrent du *Reiran* a repris son ancien cours, et une coupable cupidité laisse la ville de Fréjus en proie à l'infection de ces marais (1). »

Je viens de présenter le tableau de cinquante-cinq départements ou provinces de France, offert par des administrateurs, des magistrats aussi zélés qu'éclairés, précieux citoyens, qui ont vu, observé, écrit sur les lieux les déplorables effets causés dans tout le règne de la nature, par la destruction des forêts... C'est

____

(1) On doit remarquer que, depuis seize ans que datent ces observations, les maux dont elles sont l'objet, ont continué d'aller en augmentant.

sur les sommets flétris et décharnés, sur les flancs sillonnés et aujourd'hui arides de nos plus belles montagnes, autrefois si majestueusement ombragées, qu'ils ont déploré l'enlèvement de cette somptueuse ceinture végétale, qui jadis réjouissoit l'œil, consoloit l'homme, maintenoit les douces températures, rafraîchissoit la terre, faisoit croître les récoltes avec les précieux végétaux qui appartenoient aux climats de leurs fortunées latitudes.

Ce tableau statistique, qui n'a encore été produit dans aucun autre pays avec cette étendue et cette effrayante vérité, présente l'image physique des nombreux déserts qui se sont successivement formés dans les contrées naguère les plus délectables.

Ce tableau rend en plus ou en moins l'état de la plupart des contrées de l'Europe, et invite puissamment les gouver-

nements et les peuples à éviter, à prévenir la plus fatale des catastrophes :
l'épuisement de la terre, le désespoir de
l'homme et la diminution graduelle de
tous les êtres vivants associés à sa destinée.

TABLEAU DU QUATRIÈME CHAPITRE.

Ce tableau qui sera entier, représentera le continent de l'Amérique, avec les deux mers qui l'entourent; la chaîne des Cordillières s'élevant sur les bords de la mer Pacifique et se perdant dans les nues. On verra les vapeurs s'élever de cette mer, se dirigeant en forme de nuages vers les sommets de ces montagnes, pour se convertir en neiges et en glaces; et tandis que la mer Pacifique sera calme, l'Océan atlantique sera représenté au contraire agité.

Du revers oriental des montagnes, descendront deux grands fleuves, traversant des pays richement boisés en palmiers et de différents végétaux, peuplés d'oiseaux et d'animaux particuliers à l'Amérique, avec les habitants en costume indien, gardant paisiblement leurs troupeaux.

On verra voguer sur la mer Pacifique des pirogues remplies de cocos, d'ananas, et de plusieurs autres fruits du pays; mais sur l'Atlantique, des vaisseaux de guerre se lançant des bombes, et se combattant à coups de canon.

On lira au bas :

La chaîne élevée des Andes, assure le calme à la mer Pacifique et la richesse du continent sud de l'Amérique.

CHAPITRE IV.

Suite et conséquences de tout ce qui précède, avec quelques vues sur la chaîne des Andes de l'Amérique, considérée comme un des grands monuments météorologiques de la terre.

L'ATTRACTION est, à n'en pouvoir douter, la grande puissance physique qui régit l'harmonie du globe : les bois qui, remplis d'électricité, aspirent les rayons lumineux, l'air, les vapeurs et tous les fluides répandus dans l'atmosphère comme principes indispensables à la végétation, sont par leur action vivante, attractive et variée, les régulateurs naturels des températures et de tous les météores, que le concours du soleil, la forme, la composition et la direction des montagnes modifient suivant les différentes latitudes de la terre.

Originairement chaque zone étoit le centre d'une sphère différente, qui avoit ses climatures et ses productions distinctes. Tous les points du globe avoient reçu des attraits et des charmes particuliers pour attacher l'homme à son sol natal, comme au plus beau séjour de l'univers.

Les faits et les observations consignés dans le chapitre précédent démontrent avec évidence que la force et les éléments de la végétation ont diminué avec les bois, et qu'à mesure que la charrue a étendu ses limites, les récoltes sont devenues plus incertaines et moins abondantes.

La trop grande extension de la culture semble être l'effet d'une erreur d'autant plus funeste, qu'elle a pour elle le respect des siècles, parceque les hommes en ont élevé la pratique au rang d'une science, sous les formes les plus vénérables. Ce

culte faux sous une infinité de rapports,
et qui a été propagé avec trop de succès
peut-être par les Triptolèmes de tous les
temps, a porté insensiblement la confusion et l'épuisement dans les grands laboratoires de la nature. Pour peu qu'on
voulût continuer de s'y adonner avec
aussi peu de ménagement, il conduiroit
à l'extinction graduelle de toutes les productions et au dessèchement complet de
la terre.

L'usage du pain, qui est le simple résultat de notre éducation, et si peu indi-
qué par la nature qu'on est obligé de faire
violence au goût des enfants pour les y
habituer; cet usage, disons-nous, est
devenu dans certains pays le besoin le
plus impérieux, le plus indispensable. Il
y produit souvent les inquiétudes et les
secousses les plus violentes dans l'ordre
social. Sous ce point de vue, il peut être
intéressant d'examiner (avec tout le res-

pect que mérite un sujet aussi délicat) si cette ressource due éminemment au génie et à la puissance de l'homme, fournit au prix des plus grands et des plus étonnants travaux, l'équivalent des aliments nutritifs et des productions que la nature offre gratuitement au moyen des forêts, sur le même espace qu'occupe la culture des grains.

La nature, qui avoit répandu avec ses beautés magiques la profusion sous les pas et autour de l'homme, lui avoit préparé dans l'abondance des *arbres,* des *eaux* et des *pâturages*, les ressources les plus étendues, telles que la chair des animaux, celle des poissons, des volatiles domestiques, des fruits, des légumineux variés à l'infini, et par-dessus tout les trésors des laitages, aussi inépuisables que les vastes prairies forestières qui existoient avant les défrichements.

Les bois, les eaux, les pâturages, sont

incontestablemen les trois plus riches
sources des productions naturelles. Par
l'influence de ces puissants éléments de
l'abondance générale, tout prospère et
tout abonde sur la terre.

Les grands bois qui maintiennent les
températures et la présence des eaux offrent dans les moissons suspendues à
leurs rameaux, et sur-tout dans leurs précoces et intarissables savanes, des avantages immenses, qu'on paroît avoir perdu
de vue depuis que les forêts ont été si rapidement détruites.

Ces belles prairies forestières, qui, dès
l'aurore du printemps et pendant les trois
quarts de l'année présentoient à nos
troupeaux des abris et les pâturages les
plus savoureux, les plus énergiques, per-
mettoient de multiplier sans terme ces
précieux animaux; de ménager, de laisser mûrir les herbes de nos prés, afin
d'emmagasiner leurs tributs parfumés
pour les besoins de l'hiver.

Il n'y a pas plus de 35 ans que j'ai encore vu le lieu de ma naissance entouré de bois antiques et nourriciers qui, pendant huit et neuf mois de l'année, étoient remplis de nombreux troupeaux de vaches, de porcs, de chèvres et de moutons, dont la possession étoit la source d'une douce et modeste aisance dans tous les ménages ; les glands et les faînes couvroient la terre, fière de sa riche fécondité ; par-tout les pasteurs faisoient résonner de leurs longs chalumeaux d'écorce de bouleau, d'aulne ou de saule, le *Ranz* pastoral des vaches, que Jean-Jacques n'a pas dédaigné de placer dans son dictionnaire de musique.

De tous côtés les échos joyeux et multipliés répétoient les sons des flûtes champêtres et des pipeaux : alors la jeunesse prenoit ses innocents ébats sous de frais ombrages, au milieu des scènes riantes qu'offroit de tous côtés une nature animée, variée et embellie des plus aimables attraits ; mais ces bois si utiles, et d'un agrément indéfinissable, ont disparu : le vide et le silence des déserts, les privations, la misère même, ont succédé à de doux spectacles, aux accents de la gaieté, à l'honnête aisance.

Nous avons vu dans le deuxième chapitre que les cultures avoient insensiblement envahi en France près de 98 millions d'arpents de forêts, *environ les trois quarts de sa surface totale.*

En comptant les feuilles et les rameaux très nutritifs que broutent les animaux pour l'espace qu'occupent les pieds des arbres, il résulte de cet état de choses l'extinction d'environ *quatre-vingt-dix-huit millions* d'arpents de prairies forestières : surface près de neuf fois, celle des prairies naturelles que baignent nos eaux et qui sont pour nous, un objet de fenaison et d'approvisionnements en fourrages de l'hiver.

En accordant six arpents pour la nourriture d'une vache, de deux chèvres et d'un porc seulement (1), qui seroit copieusement nourri par les fruits forestiers et par les racines qu'il déterre en fouillant, il s'ensuivroit que les 98 millions d'arpents de forêts, aujourd'hui *défrichés*, pouvoient jadis nourrir 6 millions 650 mille vaches ou bœufs du poids de 400 livres; 33 millions 300 mille chèvres du poids de 40 livres, et 16 millions 650 mille porcs, du poids moyen de 140 livres; ce qui fournit un produit annuel de 10 milliards 323 millions de livres de viande, qui, réparties entre 7 millions de feux, donneroient 1474 livres par famille de quatre individus par an.

____

(1) On porte ici une surface double du nécessaire, à cause des générations qui doivent s'élever pour se remplacer successivement.

Il est convenable de remarquer ici que la vache donne quelquefois deux veaux, la chèvre plus souvent deux chevreaux ; mais la femelle du porc produit deux et trois fois par an ordinairement entre six et douze petits par litée : en n'admettant en tout que six au *minimum*, on sent quel superflu immense pouvoit revenir au profit de la société.

En supposant le produit moyen d'une vache à trois pots de lait, et celui d'une chèvre à un pot, il résulteroit 83 millions 250 mille pots de lait par jour, ou 16 millions 650 mille livres de beurre, outre 48 millions de livres de lait caillé, ou 24 millions de livres de fromage (1).

On s'abstient, pour conserver à ce cal-

(1) La Hollande, dont le sol n'égale en aucune manière celui de la France, tire annuellement de ses pâturages pour quatre-vingt millions de beurres et de fromages, qui s'exportent comme superflu de sa consommation.

cul une juste modération, d'y ajouter l'immensité que 98 millions d'arpents de forêts pouvoient offrir en oiseaux, en poissons, en gibier, en fruits, en miel et en cire, etc., etc., outre le précieux combustible et les bois de construction, si indispensables et si rares aujourd'hui.

En déduisant des 98 millions d'arpents défrichés 30 millions d'arpents qui se composent de marais, de landes, de bruyères et de surfaces non susceptibles d'être cultivées, il restera environ 68 millions d'arpents supposés en état de culture quelconque. On voit que par le résultat des défrichements 30 millions d'arpents restent en état de stérilité permanente, tandis qu'en état de bois ils ne cessoient de produire.

Le blé ne revenant au même champ d'où il sort qu'à la troisième année, admettons à présent que sur ces 68 millions d'arpents de terres, qui se composent de qualités *mauvaises*, de *médiocres* et de *bonnes*, le tiers (ce qui n'a pas lieu) soit régulièrement ensemencé en blé, qui est le grain du prix le plus élevé ; supposons, après avoir déduit ce qu'exigent les semailles et les pertes qui résultent de l'intempérie des saisons, qu'un arpent offre encore en *résultat net* et d'une manière invariable *sept quintaux de blé*, les 22 millions 660 mille arpents produiroient 158 millions 620 mille quintaux.

Admettons aussi, en défalquant avec la partie qui reste en jachère les dépenses énormes que les cultures exigent, principalement en chars, en attelages, en fourrages, en bâtiments et en main-d'œuvre, que l'autre tiers, généralement cultivé en orge et en avoine, offre encore la moitié de la valeur des terres ensemencées en blé, ce seroit 79 millions 310 mille quintaux à ajouter au premier produit, et qui composeroient dans

leur ensemble la quantité de 237 millions
930 mille quintaux de blé.

On sent à ce calcul tout généreux pour
les céréales, qu'il peut couvrir encore les
produits des précieuses cultures du lin,
du chanvre, de la pomme de terre, de
tous les légumineux, de la garance, du
pavot, etc.

En admettant le prix moyen du quintal de blé à 12 francs (1), les 237 millions
930 mille quintaux s'élèveroient à une
valeur de 2 milliards 855 millions 160
mille francs.

Si d'un autre côté, on met les 10 milliards 323 millions de livres de viandes
différentes, seulement à six sous chacune (2), il en résulteroit outre 49 mil-

_____

(1) J'ai vu pendant vingt ans dans le département de la Meurthe, le prix moyen du sac de blé,
pesant 190 livres, à 16 fr., tandis qu'on le porte
ici à plus de 22 francs.

(2) Ce prix moyen est généralement au-dessous
de ceux des boucheries en France.

lions 950 mille peaux avec les poils, une
valeur de 3 milliards 254 millions 400
mille francs : c’est-à-dire, un produit de
241 millions 740 mille francs de plus, que
n’offrent les cultures dans les hypothèses
les plus favorables.

Ici, la terre en état de bois, est conservée dans sa beauté, sa force et son in-
tarissable fécondité; ses productions s’offrent toutes et gratuitement sous la forme
des aliments dont on peut jouir immédiatement : aucune circonstance atmosphérique, ne peut ni les altérer, ni les
diminuer : là, règne la nature aussi puissante que prodigue; elle n’a rien à redouter de l’inclémence des saisons, parcequ’elle les domine.

Mais le blé arrivé, après les plus grands
travaux dans les greniers, n’est pas encore en cet état un aliment; il doit encore passer au moulin, ensuite par toutes les métamorphoses de la panification,

et exiger une quantité de combustible immense, pour offrir tous les jours en France, environ 3o millions de livres de pain, *comme nourriture en général simplement accessoire*, aux alimens plus substantiels qui sont nécessaires à l'homme.

On sait que le blé est sujet à des maladies ; que beaucoup de circonstances en causent l'avarie, et que si une fois la partie glutineuse (très fermentescible) est atteinte, alors le pain, au lieu d'être un aliment agréable et salutaire, devient une nourriture fort dangereuse, dont l'indigent toujours réduit aux qualités inférieures, est la première victime.

Il est reconnu que près d'un quart des terres défrichées, n'offre qu'un foible produit par la culture ; soit à cause de leur trop grand éloignement des fermes, qui ne permet pas de leur donner les engrais nécessaires, soit à raison de leur qualité médiocre, ou froide, ou brûlante : on les cultive plus pour la forme et par obligation de bail, que pour le produit : ces terres ne sont et ne peuvent être bonnes qu'en nature de bois.

Les cultivateurs, privés de la riche ressource des pâturages en *bois*, se voient obligés, pour nourrir le bétail nécessaire à leurs travaux, et suppléer à l'insuffisance générale des prairies, de cultiver au moins le 20ᵉ de leurs terres en luzerne, en trèfle, sainfoin, etc., sans compter les avoines, qui comme fourrages, alternent avec les blés.

Quelqu'idée que l'on se fasse du calcul comparatif qui précède, et dans quelque limite que l'on resserre les conclusions que nous avons voulu en tirer, du moins, ne peut-on s'empêcher de reconnoître ici, que dès que l'homme a interverti avec excès, l'ordre naturel des choses établies, il a été obligé de recréer à la sueur de son front, ce qu'il avoit détruit sans nécessité.

Il est important de remarquer aussi, que les coupes méthodiques, ne peuvent remplir dans le système général de la nature, les concordances que les bois de *haute futaie*, ont avec les éléments et avec toute l'économie animale. Les taillis toujours dans l'enfance, sont aux arbres nourriciers ce que les adolescents sont à la virilité ; ni les uns ni les autres, n'ayant à cet âge la faculté de se reproduire, ils ne présentent en cet état encore aucune perfection à la société. Dailleurs ces bois qui sont ouverts et livrés à l'inclémence des saisons, languissent dans leur croissance, et voient par les mêmes raisons, fuir ou périr les oiseaux et les animaux qui y chérissoient leur asile : car ceux qui ne se nourrissent que des fruits des arbres forestiers, comme les tribus d'oiseaux, la biche, le cerf, le chevreuil, le porc et le sanglier, périroient de faim dans les simples taillis, et manqueroient à nos besoins.

L'économie rurale a perdu des ressources *inappréciables* dans les plantureux pâturages des anciennes forêts ; non seulement toutes les espèces de bestiaux pouvoient y subsister sans nuire à des arbres séculaires ; mais leur parcours, qui engraissoit le sol, diminuoit l'accroissement des mousses ; les herbes, les plantes broutées croissoient avec plus de force : enfin nourri par tant de végétaux variés, de parfums différents, et respirant l'air balsamique des bois, ces animaux offroient d'une part, des laitages meilleurs, et de l'autre, une chair plus ferme et plus savoureuse.

Aujourd'hui les bois taillis, présentent tout l'opposé de ce tableau d'abondance universelle ; c'est celui de la proscription du règne animal. Les troupeaux ne pouvant entrer dans ces jeunes forêts, sans nuire à une végétation qui est encore dans l'enfance, la loi impérieuse de la conservation, les en écarte inexorablement (1). Si par malheur une vache, une chèvre, alléchée par les pâturages odorants, s'échappe un instant dans le bocage, aussitôt le garde est là, et le procès-verbal s'ensuit.

Nous avons vu combien on se plaignoit des chèvres, unique ressource cependant des familles pauvres... La pénurie des pâturages est devenue telle dans l'état de nudité actuelle de nos campagnes, que plusieurs conseils généraux de département (session de 1817) se sont vus contraints à la triste extrémité, de deman-

____

(1) Les arbres pompant les eaux de l'atmosphère, en raison de leur âge, de leur force, de leur étendue et de leur élévation, les taillis ne peuvent en offrir autant à la terre que les bois de haute-futaie.

der, que dans les communes où il n'existe plus de parcours, *nul ne puisse avoir de bestiaux, s'il ne justifie pas des moyens, qu'il a de les faire subsister dans ses propres pâturages.*

Il faut pour en venir à une mesure autant sévère, contre les familles indigentes, déja privées de bois, que la nature végétale soit totalement détruite : car les simples buissons d'aubépine, d'églantier et de troene, qui bordoient nos chemins champêtres, et qu'on *laisse couper et arracher avec beaucoup trop d'indifférence,* suffisent par leurs feuilles et leurs rameaux, avec le saule, la ciguë et les plantes les plus âpres qui croissent sur les terrains incultes, à la sobriété de la chèvre, qui offre en retour son nectar aux enfants des ménages pauvres, pour qui elle est, avec la pomme de terre farineuse, la providence de la vie.

La pomme de terre, dont la culture a

été recommandée avec une grande et prévoyante prédilection, par le ministère de l'intérieur, est le plus riche présent que nous ait fait le nouveau monde. Cette humble racine, long-temps dédaignée, puis médiocrement appréciée, est d'une bien autre importance, que le blé dans l'économie sociale. Lorsque la grêle, les pluies, les sécheresses, diminuent ou détruisent même les moissons, cette racine vigoureuse qui résiste à tout, vient calmer les inquiétudes que cause la disette des grains. Elle peut être considérée comme le remède certain, contre les famines qui procèdent de la rareté du pain : on ne sauroit trop en propager la culture.

Le blé fort difficile, veut pour bien réussir, une terre forte, substantielle, des amendements, et au moins trois labours à la charrue, à l'aide de chevaux ou de bœufs, *qui consomment les fourra-*

ges (1); la pomme de terre ne demande au contraire, qu'une terre fraîche, médiocre et sablonneuse, et au lieu de charrue, la bêche et la pioche, avec un travail modéré, auquel suffisent les femmes, les vieillards et les enfants.

Le produit ordinaire d'un arpent de blé (2), est de trois à cinq sacs : celui d'un arpent en pommes de terre, est de 40 à 60 sacs : ce qui est d'une quantité au moins dix fois plus considérable que celle du blé, *qui exige dix fois plus de sacrifices et de travaux.*

Le blé, avant et après être entré dans les granges, est sujet à des avaries, et n'est pas encore en sortant de la grange

---

(1) Cet objet de consommation est digne de la plus haute considération, parcequ'il diminue dans une proportion immense, les laitages, la chair et la toison des animaux, nécessaires aux ménages.

(2) Je parle ici d'un arpent de vingt mille pieds carrés.

un aliment, la pomme de terre qui n'éprouve aucune maladie, est en sortant de terre, et jusqu'à l'arrivée de la récolte nouvelle, le meilleur et le plus nourrissant des comestibles.

Le blé, qui a causé la diminution des richesses naturelles, ce grain qui est sujet à toutes les vicissitudes des saisons, après en avoir indirectement altéré le cours, n'a visiblement pas été destiné à l'usage de l'homme, sans quoi il lui auroit apparu comme fruit ou comestible, mangeable sous sa première forme : c'est tout simplement dans nos guérets, une production artificielle, qui feroit désespérer de la providence, si on s'y attachoit trop aveuglément : car les opérations chimiques de la panification, qui changent sa nature, n'offrent jamais qu'un *aliment accessoire*, et de beaucoup inférieur à celui de la simple et modeste pomme de terre.

Des hommes estimables et bien inten-
tionnés, ont à chaque disette des grains,
et sur-tout à l'occasion de celle si générale, si calamiteuse de 1817, proposé de
râper la pomme de terre, et d'ajouter par
forme de supplément en farine, à celle
fort rare et bien malsaine des blés mouil-
lés, pour en faire un pain mixte de ces
deux substances, et d'en augmenter la
quantité : c'étoit, en partant des sentiments les plus louables, allier l'or à l'argent, et proclamer en même temps une
erreur nouvelle, qu'il est utile de combattre, parcequ'elle pourroit avoir à son
tour des suites funestes.

Je sais, par plus de vingt ans de séjour
à la campagne, que la fécule de pomme
de terre, râpée et tamisée dans plusieurs
eaux, produit une farine blanche, étoi-
lée comme la neige et incorruptible,
dont on compose des bouillies, des pâtes,
des gâteaux, d'une saveur, d'une délica-

tesse supérieure à tout ce que les plus fines farines de blé peuvent offrir. La plus précieuse différence qu'il y a entre ces deux farines, c'est que celle de la pomme de terre fortifie ou rétablit les estomacs débiles ou délabrés, que souvent celle d'un blé malsain a dérangés.

La première enfance est particulièrement intéressée dans cette cause importante : les enfants qui commencent à quitter le sein de leur nourrice, sont nourris, pendant près de deux ans, avec la bouillie composée de lait et de farine de blé, qui leur cause souvent des coliques et d'autres souffrances, que la fécule de pomme de terre leur feroit éviter.

Le procédé du *râpage* de la pomme de terre crue, qui exige d'abord qu'on ait pelé ce tubercule, opération assez longue, suivie de la trituration et de la dessiccation, ce procédé ne peut convenir qu'aux ménages aisés, qui peuvent faire

quelque sacrifice pour se procurer un
met aussi délicat : cette fécule se vend
aujourd'hui comme le sagou des Indes.

Mais proposer sérieusement de râper
la pomme de terre pour en faire du pain,
c'est mal connoître cette précieuse racine : c'est tout comme si l'on proposoit
de râper les pommes et les poires, afin
d'en avoir la poudre pour en faire des
compottes ou des tartres ; on sent que
non seulement la réduction de la pulpe
seroit forte, mais que le suc gastrique,
qui constitue l'essence et la saveur de la
chair, seroit perdu.

La nature n'a nullement besoin du secours de la science pour se faire com-
prendre : on reconnoît les productions
qu'elle nous destine au mérite d'être immédiatement un aliment pour l'homme.
La pomme de terre est, sortant des
champs, le meilleur des pains tout pétri :
elle n'a besoin que de passer au feu, pour

offrir sa délicate et nourrissante fécule sous toutes les formes imaginables.

J'ai vu dans plusieurs pays, et particulièrement dans les villages de la Lorraine allemande, verser tous les soirs, sur la table du souper, un grand panier de pommes de terre, *cuites tout simplement à l'eau,* que la famille mange en guise de pain et de comestible avec du lait caillé; ce n'est qu'après ce repas qu'on mange avec du fromage, un morceau de pain de seigle, souvent collant, gercé et moisi, plus par habitude que par besoin : je n'ai jamais vu nulle part, chez les habitants de la campagne, plus de carnation, de force et de santé.

Il y a six ans que la récolte des grains ayant été médiocre, le sac de blé est monté, dans le pays que j'habitois (1),

______

(1) Département de la Meurthe. En 1817, le prix moyen du blé a sextuplé dans ce pays, qui est un

de 16 à 50, et jusqu'à 60 fr., prix calamiteux, que la classe des manœuvres et
celle des petits artisans chargés de famille ne pouvoient plus atteindre. Heureusement que les fruits et sur-tout la
pomme de terre étoient là, pour modérer les inquiétudes et adoucir l'amertume
de la privation du pain. J'employois alors
une centaine d'ouvriers dans mes ate-
liers, dont les travaux commençoient à
minuit. A sept heures du matin, arrivoit ce précieux pain du pauvre, sous la
forme la plus appétissante : c'étoient des
paniers de pommes de terre, rôties au
four du poêle de tôle que possédent tous
les ménages de ce pays. Le père, la mère
et les enfants, rangés autour, s'en délec-
toient, sans plus songer qu'il y avoit jamais eu du pain de blé pour eux.

---

des plus riches en grains de la France, puisqu'il
en fournit à l'Alsace, à la Franche-Comté et à la
Suisse.

Les plus recherchés, et c'est certes une véritable friandise pour ceux qui en ont goûté, trempoient d'abord les pommes de terre dans de l'eau salée, avant de les mettre au four; il est difficile de rendre combien ce comestible devient par cette simple préparation, agréable et savoureux; mais ce qui est sur-tout digne de remarque, c'est que les hommes faits en mangeoient jusqu'à trois et quatre livres, et regagnoient à cette nourriture, saine et substantielle, des forces épuisées par le travail, tandis que la même quantité de pain, mangé seul tous les jours au même repas, les auroit fait périr; car il est reconnu qu'il n'y a pas d'indigestion plus facile ni plus dangereuse que celle du pain. Aussi, à partir de cette année, la pomme de terre a-t-elle été considérée véritablement comme le pain de la providence du pauvre, comme le plus puissant secours contre la famine;

et la culture en a été par-tout augmentée.

Les grands déboisements ayant privé les ménages de la ressource des glandées, autrefois si abondantes pour l'engrais des porcs, la pomme de terre y supplée à un prix et avec une abondance que le blé ne pourroit offrir : la volaille y trouve également une nourriture qui l'engraisse promptement.

L'adage populaire, qui établit *que l'habitude est une seconde nature*, n'est que trop justifié : car l'habitude nous a fait du pain un besoin si impérieux, qu'il semble que de sa possession ou de sa privation dépendent les destinées des États.

Les habitants des villes et des grandes villes sur-tout, privées de beaucoup d'aliments qui se trouvent en abondance dans les campagnes, ont un plus grand motif d'aimer le pain, parceque pétri avec les plus belles farines, et offert par l'art des boulangers sous les formes les plus séduisantes, il leur en rend l'usage aussi nécessaire qu'agréable : mais dans les pays sablonneux et montagneux, où la terre, impuissante à produire du blé, n'offre que le seigle, l'orge et le sarrasin ou *blé noir,* la bonté du pain et la jouissance qu'il procure ne sont plus les mêmes : car ici il faut toute la puissance de l'habitude, avec une constitution robuste, pour aimer et digérer le pain d'orge, âpre et terreux, et le pain de sarrasin plus âpre encore, noir comme la tourbe, sans saveur ni agrément. Voilà l'aliment du pauvre, et il le veut, parcequ'il porte le nom de pain !

L'année disetteuse de 1817 a démontré de quelle haute importance il est pour le Gouvernement et pour la société en général d'associer aux céréales si visiblement subordonnées à l'intempérie des saisons, des cultures dont les produits moins variables puissent suppléer avantageusement à la rareté, à la cherté en quelque sorte périodiques du pain.

La France présente ici un double exemple bien frappant, bien propre à fixer enfin une opinion invariable sur le danger de compter avec trop de sécurité sur les ressources alimentaires des céréales; elle possède bien certainement un des sols les plus fertiles de l'Europe; les cultures y occupent, dans une proportion plus grande que par-tout ailleurs, les trois quarts de sa surface, et cependant l'influence d'un seul vent irrégulier suffit pour altérer, diminuer, anéantir même les moissons et répandre les plus graves inquiétudes.

L'année 1817 fera à jamais époque dans les annales agronomiques : les cultures les plus étendues promettoient l'abondance; les campagnes offroient un coup-d'œil magnifique; les blés étoient déja en épis ; l'apparence d'une moisson riche et prochaine réjouissoit tous les cœurs ; il ne falloit plus qu'un mois à l'infatigable laboureur pour jouir du fruit de ses longs travaux, lorsque les hyades pluvieuses sont venues arrêter la maturité des grains si sujets à l'avarie même lorsqu'ils sont sur pied, et changer les plus douces espérances en une calamité publique.

Cette époque, déja si remarquable par les grands sacrifices faits à la paix générale, a présenté d'une part le spectacle profondément affligeant d'une nation éminemment agricole et cultivant un sol des plus fertiles, réduite, *par le simple dérangement des vents*, à chercher son pain aux derniers confins de la mer Noire, aux rivages civilisés de l'ancienne Tauride, distants de *huit cents lieues* des nôtres ; et de l'autre, un ministère sage et prévoyant, forcé de faire dans sa sollicitude l'énorme sacrifice de 70 millions en achats de blés étrangers pour combler le vide de nos moissons et adoucir l'accablement d'une famine, grossie, exaltée par l'erreur et sur-tout par la fausse opinion qui considère le blé comme une substance indispensable, et le pain comme aliment de nécessité première, comme nourriture d'habitude.

Mais quelles n'eussent pas été les suites de cette pénurie de blé, *appelée famine*, si le ministère eût été moins prompt à approvisionner la France, ou si les moissons avoient aussi manqué dans la Russie méridionale et dans le royaume de Maroc, qui nous ont envoyé les leurs à notre secours? L'observateur est encore effrayé de l'idée des maux qui auroient pu nous accabler.

De ces observations fondées sur des faits irréfragables et de la plus haute importance, il résulte que tel fertile, que tel bien cultivé que puisse être un pays, les déboisements qui ont interverti la marche primitive des saisons nous ont conduits à une intempérie dans les vents, et à une si grande versatilité dans les climatures, que les bonnes moissons ne peuvent plus être attribuées qu'à l'effet du hasard; enfin, au cours fortuit et fantastique des météores; et qu'il seroit aujourd'hui difficile de croire que, sur une simple période de cinq années, il n'y eût pas une année de privations, de sacrifices et de larmes.

Il seroit donc du plus grand intérêt pour le repos de la société, de parvenir à modifier l'opinion enracinée depuis plusieurs siècles, qui nous fait considérer le pain factice des céréales comme la substance première, indispensable à la vie, tandis que la Providence, si prévoyante dans l'immensité des productions qu'elle a destinées à l'homme, ne le lui a pas offert. Le pain, qui est peut-être l'aliment

le moins convenable à notre constitution, n'est d'ailleurs, on ne doit cesser de
le répéter avec courage, qu'une simple
nourriture accessoire à celles plus substantielles qui nous sont réellement indispensables... Et cet aliment accessoire
et artificielle influe cependant non seulement sur le bonheur et la paix de la société, mais il a pris un tel rang dans nos
besoins, même dans l'opinion des peuples, que les forêts, les températures,
notre santé, les plus beaux présents et le
plus riche spectacle de la nature, lui ont
été, s'il faut le dire, aveuglément sacri-
fiés.

Il n'est plus temps de se faire illusion,
nous voyons, à n'en pouvoir plus douter,
que plus les cultures ont pris d'extension,
plus les récoltes sont devenues médiocres
et incertaines. Comme il seroit aussi illu-
soire que dangereux de trop compter sur
les tributs réguliers des céréales, il est

urgent de multiplier les productions farineuses, *parmi lesquelles la pomme de terre occupe le premier rang*, afin de prévenir le renouvellement des maux auxquels nous venons d'échapper, et d'éviter aussi les grands sacrifices qu'exigent les achats de blés.

Nous avons vu que la modeste pomme de terre, tout en abandonnant les terres les plus substantielles au blé, offre un produit décuple de celui de ce grain. Ainsi cinq millions d'arpents dans toute la France, ou 62 mille par département, cultivés en pommes de terre, produiroient d'une manière presque invariable, autant que cinquante millions d'arpents dans tout le royaume, ou 620 mille par département, cultivés en blés dans les hypothèses les plus favorables.

Si le ministère de l'intérieur, que distingue une si sage prévoyance, continue à augmenter les primes d'encouragement

pour la culture de la pomme de terre, il
la conduira à sa volonté, au dixième des
terres arables, et dès-lors il fera cesser
pour jamais toute possibilité de famine
réelle ou même imaginaire, et maintien-
dra aussi avec certitude le prix du pain,
au taux modéré qui convient au bonheur
et à la tranquillité du peuple.

Cet heureux ordre de choses facile à
réaliser, est vivement à desirer, parceque les prix du pain et du bois, servant
d'échelle aux prix de toutes les autres
denrées, il en résulteroit avec une tran-
quillisante sécurité une économie générale dans celui de la main d'œuvre pour
tous les arts et métiers.

Nous avons dit que les récoltes, dans
l'état de nudité où se trouve réduite une
partie de la terre, dépendoient aujour-
d'hui plus du cours fortuit et variable
des vents particuliers, auxquels de nouveaux et de trop grands vides ont donné

naissance, que de l'ancien ordre astronomique des saisons, que les vents cardinaux avoient la mission de maintenir.

Les vents cardinaux avoient, dès les
premiers âges du monde, leur point de
départ des quatre pôles de la terre, pour
l'assainir et la faire fructifier au moyen
de leur souffle alternatif et régulier :
comme ils changent de caractère et de
nature, par la situation des continents,
des mers et des latitudes, nous ne parle-
rons que de ceux qui exerçoient *autrefois*
leur heureuse influence sur l'Europe,
pour nous faire jouir du bienfait invariable des saisons : nous disons autrefois,
parcequ'il est bien visible aujourd'hui
que cet ordre primordial est interverti,
par des causes qui procèdent des ouvrages de l'homme.

Plus on considère ce grand édifice du
monde, plus on remarque cette harmonie toujours existante d'une attrac-

tion mutuelle et immense, qui étonne la conception humaine.... Le soleil et les pôles, qui sont les grands foyers de dilatation et de condensation, semblent avoir confié aux vents qu'ils engendrent, le soin de modifier les températures et les saisons; et si leur naissance et leur cours étoient le produit des vides de la terre, de la dilatation et de la condensation de l'air, nous pourrions concevoir que la cause d'un vent peut avoir lieu à une distance indéfinie de son point de départ : leur cours régulier ou irrégulier pourroit donc être attribué au plein ou au vide qui a lieu sur la terre.

Il est si vrai que les températures qui, par leur durée et leur intensité forment les saisons, reçoivent leur modification des vents, qu'on a de tout temps considéré les quatre vents cardinaux, comme destinés dans leur mission primitive à

caractériser les véritables saisons astro-
nomiques.

Dans les premières époques, la terre
ne présentoit d'autres vides que l'espace
des mers, des lacs, des fleuves, et ceux
des immenses chaînes de prairies qui,
encadrées par des masses serrées de bois
élevés, se suivoient sans autre interruption d'une extrémité du continent à
l'autre. Les vents n'ayant alors qu'une
cause, qu'une origine, ne pouvoient avoir
qu'un cours uniforme, dont la direction,
la hauteur des montagnes et la nature
des boisements, modifioient l'influence
suivant les besoins des latitudes.

Le vent d'est, nord-est, succédant
après la révolution de l'hiver au vent du
septentrion, parcouroit la terre depuis
les rivages de la Chine jusqu'a ceux de
l'Atlantique sur un méridien de 2500
lieues : il devoit être un vent sec et encore
âpre, mitigé cependant par son influence

orientale : sa mission étant d'adoucir la fin de la saison hivernale, et de préparer insensiblement le réveil de la nature, il avoit à nous garantir de la fonte trop subite des neiges ; à sécher lentement la terre ; à préparer la végétation, mais à la préserver cependant par son àpre sécheresse, de trop de précipitation, pour ne point l'exposer aux surprises des frimas.

Après ce vent préparateur des riantes scènes du printemps, se levoit le vent chaud et humide du midi, qui fondoit et éteignoit les neiges, grossissoit et développoit les embryons des fleurs, en étalant au milieu d'une atmosphère de parfums, la somptueuse magnificence de la nature, et préludoit par les plus douces émanations du soleil, au réveil de tout ce qui avoit reposé, et à l'annonce de tout ce qui devoit répandre le bonheur.

Après la vivifiante révolution du vent du midi, venoit le vent frais d'occident

qui , accompagné de ses hyades pluvieuses, abreuvoit la terre altérée, donnoit le dernier développement aux végétaux , et abandonnoit ensuite aux feux du
soleil , le soin d'en mûrir les fruits.

Le vent du septentrion reprenoit son
empire à la suite de toutes les récoltes ; il
arrivoit pour couvrir la terre de son brillant vêtement d'hiver, et approvisionner
les fontaines, destinées à alimenter les
ruisseaux et les fleuves, et rendant le repos
à la nature fatiguée, il donnoit à l'homme
le loisir de jouir au foyer de sa famille,
de toutes les productions enfantées par
les trois autres périodes de l'année.

Ces vents de première origine , aussi
nécessaires que le soleil lui-même, pour
assainir et fructifier la terre , nous apportoient à des époques fixes des quatre
points cardinaux du monde , leurs influences appropriées qui ont depuis les
premiers âges , marqué quatre saisons

distinctes , répondant exactement aux
équinoxes et aux solstices, et décrivant
leurs révolutions aussi régulièrement que
l'astre du jour autour de notre sphère, ils
modifioient graduellement par les souf-
fles intermédiaires de chaque quart de
cercle, les températures qui ne pouvoient
éprouver de transition sensible, sans faire
souffrir aussitôt une partie de la terre.

Cet heureux ordre de choses a existé,
on ne peut en douter; il entroit d'ailleurs
dans les plans de la création : sa conservation harmonique y étoit attachée. Mais
cette régularité des saisons s'est-elle conservée jusqu'à nos jours sans altération ?
Les températures jouissent-elles de leur
première intensité , ou ont-elles décliné... Depuis les rivages de la Chine jusqu'à ceux de la mer Atlantique, et depuis
les bords de la mer Glaciale jusqu'à ceux
de la Méditerranée, une voix générale
répond, que tout est changé et altéré...

D'où peuvent venir ces modifications qui affectent tous les règnes de la nature? de celle des vents. Mais d'où viennent ces variantes dans le cours des vents? on peut répondre sans aucune crainte de se tromper, *des nouveaux vides formés sur la terre par les déboisements.*

Il faut encore une fois, comparer ici l'effet des fluides à celui des liquides, pour rendre plus palpable, l'extravasation des courants d'air que nous appelons *vent.*

Lorsqu'un fleuve est sujet à grossir, au point de déborder de son lit ordinaire, on le contraint par des digues qui le resserrent dans des limites plus ou moins bien calculées, en raison de l'apogée de son volume, qui doit s'élever dans la même proportion qu'il perd en largeur. Si ces digues viennent à être ouvertes ou rompues, les eaux s'échappent par autant de bouches qu'il y a d'ouvertures, et coulent jusqu'à ce que le plein ou le niveau soit établi avec celui du fleuve : ces eaux échappées par des ramifications plus ou moins divergentes de son cours, dont elles énervent la force, ne rentrent plus dans son lit, n'arrivent plus au même but, elles séjournent sur des terres basses qu'elles dénaturent, et refroidissent par leur influence étrangère.

Mais l'air dans lequel notre planète nage comme dans une mer sans limites, et sur laquelle il pèse par-tout pour sa conservation, est un corps bien autrement expansif qu'un liquide, bien autrement rapide dans ses mouvements : la différence du niveau entre l'eau et la terre, c'est la pente ; mais l'air qui éprouve aussi le besoin invincible de son équilibre, a pour différence de niveau sa dilatation et sa densité, qu'un seul coup de soleil ou un épanchement d'air froid, peut produire avec la célérité de l'éclair, sur un espace infini, en opérant une révolution subite de vent sensible jusqu'aux distances les plus grandes.

D'après ces observations fort simples, on peut concevoir que le premier vide opéré par la destruction d'une forêt, a dû produire un ébranlement proportionné dans l'espace de l'air environnant, combiné avec une première ramification d'un des vents alisés : car il est vraisemblable que la masse du fluide aériforme a ses limites éternelles, comme celle des eaux de la terre, dont la quantité ne peut ni diminuer, ni augmenter.

A mesure que ces destructions se sont multipliées, la divergence et la convergence de ces courants d'air, ont dû prendre naissance aux dépens de la force et du cours régulier des vents cardinaux.

Nous avons parlé des grands déboisements de l'Asie, de l'Afrique, de l'Amérique, et des effets funestes qui en ont résulté dans les constitutions atmosphériques; mais revenons à ce qui s'est passé depuis deux mille ans, sous ce rapport, en Europe, qui est plus immédiatement sous nos yeux, et qui nous intéresse par des affections d'un ordre plus rapproché.

Nous savons que les changements atmosphériques n'ont pas été subits, mais successifs, comme les dégradations qui se sont opérées à la surface de la terre : le temps, les guerres, les cultures et l'indifférence des hommes y ont concouru. Mais fixons-nous à l'état actuel des choses, qui nous démontre que les vides produits en Europe par les déboisements, passent aujourd'hui la moitié de sa surface totale.

Ces vides, produits à toutes les hauteurs, sur des millions de points différents, et dans toutes les directions imaginables, ont dû soutirer une extravasation de courants d'air aux dépens de la force et de la régularité des vents primordiaux, et nous amener à cet état de confusion et de variabilité de l'atmosphère, qui a changé la fixité des climatures, au point même que les latitudes n'ont plus de rapports certains avec les productions qui leur étoient propres et naturelles.

Ces nouveaux courants d'air, se dirigeant confusément dans tous les sens, à toutes les hauteurs, et avec des degrés différents de dilatation, n'eussent-ils pas même atténué la masse des anciens vents alisés, ils seroient encore de nature à modifier leur cours, ou à contrarier leur durée, et par conséquent à altérer sans cesse la force des températures, comme à intervertir la régularité des saisons.

Il y a visiblement des causes intempestives dans l'irrégularité du règne des vents, qui produisent la désorganisation dans les éléments de la végétation. Les vents de sud et de sud-ouest ont régné presque tout l'hiver de 1817 à 1818, qui a été humide et doux en janvier et février, lorsqu'il devoit être froid et sec; nous avons eu en mars les giboulées d'avril : le bon vent d'orient n'a presque pas soufflé; il a eu peine à arriver jusqu'à nous; la température d'avril a été celle des mois de mai et de juin; les orages et la grêle ont été fréquents à partir du 25 avril (1).

La terre paroît avoir perdu, avec les grands bois, son ancienne vertu attrac-

---

(1) Les dégâts que l'orage du 27 avril 1818 a causés par la seule grêle, aux environs de Paris, du côté de Charonne, Belleville, Menil-Montant, et le faubourg Saint-Antoine, s'élèvent à plus de 600 mille francs de dommages. Les orages sont continus depuis quinze jours; les chaleurs ont été prématurées, on doit craindre, d'après l'ouverture d'un printemps précoce, et la plus somptueuse floraison en avril, de payer trop cher les primeurs de cette année.

tive. Les hautes montagnes déboisées ne pouvant seules briser et dévorer, dans leur impuissante nudité, un vent particulier, et l'atmosphère formant en masse un corps inséparable, il est possible qu'une simple raréfaction, produite sur les bords de la mer Caspienne, par un effet solaire ou électrique, détermine un vent de l'Océan atlantique, forcé à y fluer, parceque la terre n'a plus assez de grands végétaux pour rompre ou absorber cette attraction, j'oserai presque dire ce charme aérien. C'est souvent par ces causes fantastiques que les plus belles moissons, prêtes à récompenser de leurs riches tributs la main laborieuse qui les avoit préparées, sont détruites par un vent que cause une raréfaction ou une condensation subite de l'air, tandis qu'à cette époque les vents devroient être en panne, les doux zéphyrs devant alors seuls caresser la surface de la terre.

Ces effets sont particulièrement remarquables dans ces trombes terribles, qui unissent les nuées à la mer, et menacent d'engloutir le vaisseau qu'elles attirent au loin dans leur tourbillon, avec une force irrésistible, et que sauve souvent la commotion d'un coup de canon, qui dilate et brise cette épouvantable colonne d'eau. Les grands serpents de l'Inde, de l'Afrique et de l'Amérique, de trente, quarante, cinquante et soixante pieds de long, répandent leur charme jusques au-delà des fleuves, sur la proie qu'ils fixent et aspirent avec force ; le chasseur, surpris, immobile, déja étourdi et en partie asphyxié, trouve son salut dans la détonation de son fusil, qui rompt la colonne d'air qui l'entraînoit à sa perte (1).

----

(1) Ce fait est arrivé à un officier anglois, chassant dans l'Inde.

On connoît l'effet des trombes de terre, j'en ai vu une qui, dans une grande forêt, à travers laquelle j'avois à tracer une route, arracha les plus grands arbres, sur trois cent soixante pieds de longueur et deux cents pieds de largeur, entre deux lignes parfaitement droites, sans rien laisser debout dans tout cet espace. Étoit-ce un effet de l'attraction ou, ce qui revient au même, de la force de succion de l'atmosphère, qui tendoit à rétablir son équilibre dérangé par une cause inconnue? On ne peut en douter, non plus que des grands phénomènes électriques et météorologiques qui nous surprennent trop souvent.

Voici ce qu'on trouve à ce sujet dans les observations du bureau des longitudes de Paris, en 1817.

« Les vents un peu forts ont quelque-
« fois leur origine dans les points vers les-
« quels ils soufflent : ainsi, en 1740, Fran-

«klin éprouva à Philadelphie, vers les
«sept heures du soir, une tempête vio-
«lente du nord-est, qui ne se fit sentir à
«Boston que quatre heures plus tard,
«quoique cette ville soit au nord-est de
«la précédente. En comparant ensemble
«plusieurs rapports, d'autant plus exacts
«que, dans cette même soirée, on avoit
«observé une éclipse de lune dans un
«grand nombre de stations, on reconnut
«que l'ouragan, qui souffloit par-tout
«du nord-est, s'avançoit du sud-ouest
«vers le nord-est, avec une vitesse de
«trente-deux lieues par heure. De là,
«Franklin conclut que cette tempête fut
«produite par une grande raréfaction
«dans le golfe du Mexique.»

Il semble qu'il y a erreur ici dans la
conclusion : car si l'ouragan s'avançoit
du sud-ouest, il est plus probable qu'une
révolution électrique ou une raréfaction
solaire s'est opérée vers le golfe de Saint-

Laurent, sur lequel se dirigeoit le courant, pour y remplir le vide qui s'y étoit subitement formé, qu'au golfe du Mexique, d'où le courant étoit au contraire attiré à une distance de plus de sept cent cinquante lieues : espace qu'il parcouroit en moins de vingt-quatre heures.

Les fleuves ne remontent pas vers leurs sources; mais les eaux coulent aussi long-temps qu'elles trouvent de la pente, et ne s'arrêtent que là où elles atteignent leur niveau. L'air suit les mêmes lois, et doit fluer, comme nous l'avons établi plus haut, vers les vides qui l'attirent, pour rétablir son équilibre, et avec une vitesse relative.

Toutes ces observations concourent à démontrer qu'il faut de grands corps intermédiaires, souvent répétés, sur-tout sur les montagnes élevées, pour rompre, arrêter, annihiler ces brises de terre, qui, n'éprouvant aucune résistance, prennent le caractère de vents, et souvent de vents impétueux qui bouleversent toute la nature.

Il est encore très important de remarquer ici qu'un arbre renferme, pour le besoin de sa végétation, une telle quantité d'eau et d'air comprimés, que le canon le plus épais en bronze, ne pourroit soutenir la force de ce ressort : ce fait, qui est de la plus exacte vérité physique, peut jeter un nouveau jour sur le système des météores; car il conduit naturellement à conclure qu'une forêt doit renfermer dans ses arbres une énorme masse d'air, et qu'aussitôt ces bois détruits, non seulement tout abri et toute attraction cessent, mais que l'air, subitement dégagé de ses liens, doit produire une sorte d'inondation dans l'atmosphère.

Si l'on daigne à présent faire attention que les déboisements de l'Europe seule

s'élèvent au moins à la moitié de sa surface, il seroit peut-être raisonnable de
croire qu'une pareille somme d'air, dé-
gagée avec excès de sa destination primitive, a pu occasioner une sorte de
déluge atmosphérique, et être une des
grandes causes du désordre que nous
remarquons dans la marche des météores, et par suite dans l'intempérie croissante des climatures. De ces observations, peut-être d'une certaine importance, on est porté à induire que, dans
les premières époques, il n'y avoit d'air
libre que celui nécessaire à former les
vents généraux et alisés, uniquement destinés à assainir, rafraîchir et féconder la
terre.

Nous avons à présenter encore au jugement des hommes observateurs, un
des plus grands monuments météorologiques dans ce vaste Océan, que les géo-
graphes appellent la *grande mer du sud,*

et les navigateurs, la *mer Pacifique,* qui s'étend des rivages de l'Amérique à ceux de l'Asie, sur une largeur de quatre mille lieues entre les tropiques.

Ce nom de mer Pacifique, donné si unanimement par les navigateurs, qui s'accordent constamment sur le caractère des observations générales, m'a toujours paru digne de méditation, parcequ'il y a là deux témoins irréfragables de la sagesse éternelle, qu'il n'est heureusement pas au pouvoir des hommes de jamais altérer.

Cette mer, la plus vaste du globe entre les continents, peut bien devoir une partie de son calme à son immense étendue; mais il convient sur-tout de l'attribuer à cette chaîne de hautes montagnes Alpines, qui s'étend du sud au nord, depuis la pointe méridionale de l'Amérique jusque fort loin dans le Mexique, sur une longueur de plus de mille huit cents lieues : elle continue ensuite à travers les deux Mexiques, en s'écartant du rivage pour aller se terminer au fleuve de Makenzie, près de la mer Glaciale; une autre branche suit le rivage depuis la nouvelle Géorgie jusques au-delà du détroit de Bhéring.

Ce rempart invulnérable, qui est perpendiculairement opposé, par sa direction, au mouvement de rotation de la terre, semble avoir été créé pour le repos de l'Asie et de l'Amérique, peut-être même de tout le globe.

En effet, ces hautes *Andes*, si bien appelées *Cordilières*, qui s'élèvent sur les bords même de la mer Pacifique, dans la région des glaces et des neiges éternelles, qui ont, comme le Chimboraço. *quarante-quatre fois* l'élévation de la plus haute pyramide d'Egypte, entretiennent la paix de cette partie de l'univers, en interceptant toute communication atmosphérique, entre la mer Pacifique et le continent américain.

Sur le revers oriental de ces montagnes, qui fait face à l'Atlantique, on voit des fleuves de quinze cents lieues de cours, tandis que, du côté opposé, il ne descend des Cordilières à la mer du Sud, que quelques ruisseaux qui, après avoir rafraîchi les vallées étroites du Pérou, vont se perdre pour la plupart dans des sables.

On remarque visiblement une prévoyance divine dans l'ordonnance, la position et l'élévation de ces grands boulevards, créés pour le repos et le bonheur d'une vaste partie de la terre : car si cette chaîne de montagnes avoit passé par le milieu du continent de l'Amérique, ou avoit été moins élevée, la mer Pacifique eût éprouvé une agitation plus vive, plus tumultueuse, souvent violente : l'Océan atlantique s'en seroit également ressenti,

les beaux fleuves de l'Amérique ne seroient plus les mêmes fleuves ; les végétaux auroient partagé ces différences ,
et ce beau domaine de l'homme , ne seroit plus le même domaine. Au lieu que
dans l'ordre actuel (heureusement invariable) les eaux que le soleil pompe de la
mer Pacifique , s'élèvent paisiblement ,
et suivant leur route attractive jusqu'au
sommet de ces montagnes , séjour des
neiges et des glaces, elles ne passent point
cette limite, mais s'y fixent en changeant
de forme , pour arroser ensuite les faces
orientales de l'Amérique , et enrichir
l'Atlantique des ondes de la mer du Sud.

Cette vaste architecture hydraulique ,
qui appartient encore au premier souffle
de la création , et que l'homme ne sauroit
assez admirer , nous montre dans un
ordre supérieur un grand modèle à suivre dans les barrières que nous avons à
opposer à l'irrégularité des météores :

tout est relatif à la situation, à la latitude des pays, à la forme et à la position des montagnes.

Le Pic du Thibet de 22,200 pieds de hauteur, le plus élevé de la terre, marque au 29ᵉ degré de latitude, la région des neiges à 11,100 pieds de hauteur.

Le Chimboraço de 19,600 pieds de hauteur, et qui est le point culminant des Cordilières, marque sous l'équateur la naissance des neiges à 14,400 pieds de hauteur.

Le Pic de Ténériffe de 11,130 pieds d'élévation, marque au 28ᵉ degré de latitude, la naissance des neiges à 10,521 pieds.

Le Mont-Perdu de 10,310 pieds, le plus haut des Pyrénées, marque au 42ᵉ degré les neiges à 8,100 pieds de hauteur : l'Etna les montre à la même élévation.

Le Mont-Blanc de 14,325 pieds, le plus élevé des Alpes, marque au 46ᵉ degré les neiges fixes à 7,500 pieds de hauteur.

Le Lomnitz de 8,403 pieds, le plus élevé des Monts-Crapaks, marque au 50e degré la région des neiges à 5,400 pieds.

Le Spitzberg, élevé de 4,116 pieds, marque les neiges fixes aux terres arctiques, à 3,900 pieds au-dessus du niveau de la mer.

On voit que la région des neiges des Alpes, est à environ moitié de l'élévation de celles du Chimboraço, situé sous l'équateur, tandis que leurs hauteurs respectives sont dans une proportion de deux à trois. Si les deux Océans pacifique et atlantique, qui se touchent presque à l'isthme de Panama, sont séparés longitudinalement par une barrière éternelle pour le bonheur de l'Amérique, notre hémisphère, dans une situation plus terrestre, a dû avoir une charpente différente dans ses montagnes, avec de grands boisements, pour conserver ses lois météorologiques et la fixité des climatures, qui avoit été donnée à chacune de nos latitudes.

Les témoins de ' harmonie générale du monde existent encore : le présent atteste ce qui a été et ce qui sera. Cet édifice de la main d'un Dieu repose encore sur ses colonnes éternelles, parceque l'homme ne peut pas tout détruire dans sa foiblesse. Depuis trois mille ans, nous nous acharnons à le démolir et à le dégrader : nous sommes déja punis de notre aveuglement; cependant la nature nous tend encore sa main libérale pour réparer de si longs outrages, et adoucir nos souffrances.

Les erreurs en physique, en météorologie sur-tout, sont encore fort répandues; on les propage par tant de formes séduisantes; on est si porté à chercher la vérité au loin et dans le vague des probabilités, lorsqu'au contraire elle est partout sous nos pas, devant nos yeux, sous les formes les plus simples, les plus évidentes, que je crois devoir pour preuve de cette assertion, insérer ici une lettre, peut-être singulière, publiée sur cet important sujet.

Observations météorologiques insérées dans le Journal des Débats, le 11 octobre 1817.

« Monsieur, pour répondre aux nom-
« breuses questions qui me sont adressées
« de toutes parts, sur l'intensité et la
« durée présumable du froid que nous
« éprouvons depuis une quinzaine de
« jours, j'ai cru ne pouvoir mieux faire
« que de vous prier de vouloir bien insé-
« rer dans votre feuille la note suivante,
« que j'estime devoir être d'ailleurs d'un
« intérêt suffisant pour attirer l'attention
« de vos lecteurs.

« Dès le 24 septembre, une tempéra-
« ture douce, et même plus élevée que la
« saison actuelle ne sembloit le compor-
« ter, s'est abaissée subitement, et jus-
« qu'à descendre à un degré huit minutes
« en moins de huit jours; à-peu-près sta-
« tionnaire depuis cette époque, rien n'in-
« dique qu'elle doive remonter mainte-
« nant d'une manière bien sensible. Les
« vents nord-est qui dominent en ce mo-
« ment et soufflent avec assez de force,
« en desséchant la terre déja peu humec-
« tée, accélèrent la déperdition totale de
« la chaleur qu'elle avoit amassée pen-
« dant la belle saison, et achèvent de re-
« froidir l'atmosphère.

« Il y a donc de très grandes probabi-
« lités pour ne plus nous attendre qu'à
« quelques pluies froides, à des neiges et
« à des *gelées d'autant plus intenses*,
« que l'atmosphère et la surface de la

« terre auront moins de calorique à leur
« opposer.

« Enfin, soit qu'on adopte la période
« des nœuds de la lune, d'environ dix-
« neuf ans, comme ramenant à-peu-près
« les mêmes températures, soit que l'on
« admette que les hivers mémorables se
« correspondent, en différents siècles,
« suivant une période de cent ans ou cent
« un ans, ou ses multiples, ainsi que
« M. *Lasalle* a cru le remarquer, dans
« l'un ou l'autre cas, tout nous présage
« un hiver rigoureux. En effet, eu égard
« à la période de dix-neuf ans, il devra
« correspondre à l'hiver de 1798; et si
« l'on se reporte à la période de cent un
« ans, il correspondra aux hivers de 1615
« et 1716. »

L'Ingénieur CHEVALIER.

On voit que cette métaphysique de la
physique, traite avec trop de science des

choses toutes simples, toutes naturelles, qui ne demandent plus aujourd'hui que des yeux et du jugement. Il n'est plus nécessaire d'avoir recours aux périodes des nœuds de la lune ou des grands hivers, pour démontrer l'effet des vents qui s'engendrent à tout instant, et sur tous les points de la terre, par mille causes diverses. Cette langue hiéroglyphique est heureusement usée..... Les Administrateurs et les Magistrats éclairés de cinquante-cinq départements cités dans le chapitre précédent, y ont répondu par des faits positifs et palpables.

M. Chevalier, opticien fort estimable, et qui rend tous les jours des services à la physique mécanique, a dû s'apercevoir combien il s'est abusé dans sa prédiction : car au lieu de *gelées intenses*, l'hiver a été fort doux, et même trop doux.

Nous lisons dans les actes de la Société royale académique des sciences, qu'elle propose pour sujet de prix de 1818, de déterminer quel étoit l'état des sciences physiques en France au commencement du dix-huitième siècle, et quels ont été leurs progrès jusqu'à ce jour.

Il y est dit que les auteurs doivent s'abstenir de tout ce qui n'est que systématique; s'occuper des faits; indiquer les sources des découvertes perfectionnées en France; les améliorations qu'elles ont reçues, et sur-tout faire connoître celles qui ont pris naissance en France. Le *galvanisme* et le *magnétisme* pourront être traités dans ces Mémoires. Le prix sera une médaille d'or de la valeur de 400 fr.

Nous voyons également que la corvette l'*Uranie*, commandée par M. Louis de Freycinet, est partie de Toulon le 17 septembre dernier; que cet officier est chargé de procéder à la mesure de la configuration de l'hémisphère austral, à des observations sur l'intensité des *forces magnétiques*, et à diverses expériences qui intéressent la *physique*. C'est sur le vœu exprimé par l'Académie royale des sciences, que Sa Majesté a ordonné cette expédition ; et les puissances étrangères, appréciant son importance, ont donné des ordres pour que la corvette l'*Uranie* reçût dans leurs établissements les secours dont elle pourroit avoir besoin.

Le programme proposé par l'Académie royale, et le grand but qu'a pour objet le voyage de M. de Freycinet, ayant de l'analogie avec le sujet que je traite, sur-tout à une lettre fort intéressante d'un consul russe au Brésil, je crois devoir l'insérer ici : car elle offre peut-être à la science un des plus importants problèmes à résoudre, sur la puissance que les effluences *électriques, magnétiques* et *galvaniques* peuvent exercer par les montagnes métalliques dans le monde physique. Quant à moi, je me tiens comme l'humble hysope, au pied du puissant cèdre, heureux d'admirer l'impassible gravité avec laquelle il se joue des tempêtes.

Extrait de la lettre de M. de Langsdorf, Conseiller de Cour en Russie, datée de Rio-Janeiro, le 30 juin 1817.

« Au mois de décembre de l'année der-
« nière, je fis un voyage dans l'intérieur
« de ce pays remarquable, et je visitai
« principalement la province de *Minas-
« Geraés*, où se trouvent les prétendues
« mines d'or : je dis les *prétendues*, par-
« cequ'il ne s'en trouve proprement au-
« cune dans cet endroit; mais tout le
« pays est couvert en quelque sorte d'une
« d'or plus ou moins fine.

« J'ai vu de petits districts, où un hom-
« me avoit retiré, dans l'espace d'environ
« vingt ans, de cette poussière *pour trois*
« **millions de crusades ;** cependant cette
« province est, malgré toute sa richesse,
« son *or*, ses *diamants*, une des plus pau-
« vres que j'aie jamais vues. Tout le monde
« s'occupe à chercher et à laver la terre
« chargée d'or, et l'agriculture est tota-
« lement négligée, sur le meilleur sol et
« sous le plus beau ciel du monde.

« Ces hommes ont souvent beaucoup
« d'or et n'ont rien à manger. On apporte
« de fort loin dans ces riches bourgs et
« villages, toutes les provisions de bou-
« che, et si le transport en étoit retardé
« seulement d'une huitaine de jours, ces
« nouveaux Midas seroient affamés.

« Un homme peut très bien dans une
« heure, extraire par le lavage, une quan-
« tité d'or de la valeur d'un à deux florins,
« et quand il a cette somme, qui suffit

« pour un à deux jours à son entretien,
« il n'est pas possible de le déterminer à
« travailler davantage.

« Je n'ai point été jusqu'au district où
« sont les diamants, n'ayant pas eu le
« temps de faire une aussi longue excur-
« sion. Comme il n'existe pas de mines,
« proprement dites, ma collection de mi-
« néraux est très peu considérable : dans
« un semblable voyage, on ne peut se
« procurer que ce qui se trouve à la sur-
« face de la terre.

« Outre l'or, on trouve encore ici plus
« de fer que par-tout ailleurs : ce ne sont
« point des mines ordinaires de ce métal;
« mais il y a dans beaucoup d'endroits,
« *de grandes montagnes massives, for-*
« *mées de fer magnétique,* de la meil-
« leure qualité, qui, sur cent livres de
« minerai, en donnent quatre-vingt à
« quatre-vingt-dix de métal.

« Rien de plus étonnant que l'aspect

« de ces énormes masses de fer. Quelques-
« unes *des plus hautes montagnes* de
« Minas-Geraés , *en sont entièrement*
« *formées!* J'ai employé trois mois à ce
« voyage, et j'ai sur-tout admiré la ri-
« chesse de la végétation et les plantes
« rares de ce pays. Les mélostomes , les
« rubiacées et les malvacées y sont de la
« plus grande beauté.

« Les hautes montagnes de Carassa et
« de Piedade, qui s'élèvent au moins à
« sept mille pieds au-dessus du niveau
« de la mer, m'ont fourni une abondante
« récolte pour la botanique, sur-tout en
« plantes alpines. Les observations et les
« collections zoologiques, n'ont pas été
« aussi riches, quoique j'eusse choisi l'été
« de préférence pour mes recherches : je
« crois néanmoins à présent que le prin-
« temps est plus favorable, et offre une
« plus grande abondance d'objets. »

Les fonctions que ces montagnes en

or, en cuivre, en argent, en fer, en platine, en mercure, etc. répandues sur les différents points du globe, ont à remplir dans l'harmonie du monde, et peut-être dans celle si intéressante des météores, semblent être restées mystérieuses pour la science elle-même ; elle n'a encore que soulevé foiblement ce voile immense des influences métalliques ; il lui reste à ce sujet un grand problème à résoudre.... Il est vrai que l'homme ne peut, ni ne doit avoir l'orgueil de vouloir tout expliquer ; il y aura toujours dans l'œuvre du Tout-Puissant des mystères au-dessus de notre conception ; mais ses merveilles sont devant nos yeux étonnés ; nous ne pouvons que nous incliner dans une religieuse admiration, bénir, honorer, et conserver ce qui s'est fait pour notre félicité.

Vignes, oliviers et mûriers de la France.

La vigne, l'olivier et le mûrier, ont été jusqu'à présent trois des plus précieuses branches de la richesse agricole de la France. Ses vins, ses huiles, ses eaux-de-vie, délectent les contrées les plus-éloignées, et ses soieries ornent les temples et les palais d'une grande partie du monde : ces productions sont pour nous le Pactole et le Potose; mais leur bonté et leur quantité dépendent des influences atmosphériques, de la constance des climatures, et d'un ordre régulier dans les saisons.

Nous avons vu par l'exposé des autorités locales, que la végétation suivoit visiblement une marche rétrograde, surtout dans les produits qui donnent le plus de réputation à notre sol. Les latitudes les plus favorables deviennent in-

certaines pour leurs anciennes productions; nos belles contrées du midi sont
déchues de leurs climats; tout le règne
végétal souffre par une variation continuelle, de vents humides et froids, de
grêles, de pluies, de sécheresses opposées
aux saisons, et qui n'étoient point connues autrefois; toutes les voix attribuent
ce changement calamiteux, qui menace
évidemment notre prospérité agricole, à
la dévastation des forêts et aux défrichements des montagnes.

J'avois écrit sur l'effet des déboisements effectués dans les pays du midi,
que j'ai eu par mes fonctions occasion
d'observer pendant plusieurs années;
mais je me bornerai à citer ici ce que dit
à ce sujet, en 1803, la Société d'agriculture de Marseille, sollicitée par les observations de plusieurs écrivains. Voici
comme elle s'exprime :

« La dégradation des montagnes de

« leurs plus riches et plus majestueux or-
« nements; la détérioration du sol de tous
« les coteaux, autrefois boisés, et dont
« depuis les défrichements, la terre en-
« traînée par les eaux, dans les vallées et
« dans les torrents, laisse le tuf et le roc
« découvert; les inondations et les engra-
« vements des plaines par les déborde-
« ments, la fréquence des orages destruc-
« teurs des récoltes; l'aridité des saisons,
« le *tarissement des sources, l'intem-
« périe du climat*, la disette enfin du
« combustible nécessaire aux besoins
« journaliers, aux fabriques, à l'archi-
« tecture et à la marine, sont les consé-
« quences trop réelles de la destruction
« des bois et des forêts....

« Les montagnes et les collines du ter-
« ritoire de Marseille, étoient autrefois
« richement peuplées de bois..... elles
« n'offrent plus aujourd'hui que l'aspect
« de l'aridité du sol.

« Depuis long-temps notre *climat est
« totalement changé ;* nos hivers sont
« plus rigoureux, nos étés plus secs et
« plus brûlants, et nous sommes presque
« toujours privés des pluies bienfaisantes
« du printemps et de l'automne, si né-
« cessaires à la végétation dans notre sol
« aride.

« C'est depuis les défrichements que
« notre climat est devenu si ingrat et
« notre sol si infertile.

« Qu'avons-nous gagné à dévaster ainsi
« les bois, dont la bienfaisante influence
« tempéroit la rigueur des hivers, et ra-
« fraîchissoit la sécheresse des étés ?

« La rivière d'Huveaune qui coule à
« l'est et à l'ouest, dans les moindres
« orages, charrie avec rapidité les terres
« dans son lit ; elle inonde les plus riches
« prairies, tandis que pendant neuf mois
« de l'année, elle est à sec, par suite du
« *tarissement des sources....*

« Les orages accidentels et dévasta-
« teurs sont devenus annuels, et les pluies
« manquent dans toutes les saisons.

« La destruction des arbres est funeste
« à l'agriculture, et particulièrement *aux*
« *oliviers*, déja presque *perdus* dans nos
« belles contrées. »

Quoique le chapitre précédent offre
déja des preuves nombreuses des causes
fatales du désordre des météores, et de
l'influence funeste qu'ils exercent sur la
santé comme sur la végétation, nous
avons dû offrir encore cette description
énergique et vraie, parcequ'elle présente
avec de nouvelles couleurs, la situation
physique de tous les départements du
midi.

On dit dans le Journal des Débats du
11 août 1817.

« Il paroît que plusieurs provinces mé-
« ridionales de la France, sont depuis
« quelque temps en proie à une séche-

« resse extrême ; elle est telle dans les
« Pyrénées orientales, qu'elle a converti
« en sel, une grande partie des eaux de
« l'étang de Saint-Nazaire et celui de
« Ville-nuove (1).

« On écrit de la même date, que les
« sources d'eau des environs de Mont-
« pellier se tarissent par-tout.

« Qu'à Marseille, la sécheresse est telle,
« que l'*Huveaune* est épuisée par le taris-
« sement des sources ; que les fontaines de
« la ville cessent de couler, que les mou-
« lins sont réduits au repos, et qu'on a
« été forcé d'envoyer moudre à *Chamas,*
« *Port-Royal, Pertuis* et même jusqu'à
« *Tarascon.* »

---

(1) J'ai fait en 1787 le nivellement de cet étang
jusqu'à la mer, pour y faire écouler les eaux sau-
mâtres et dangereuses aux environs ; mais le temps
et le défaut de fonds, ont fait ajourner l'exécution
de ce projet.

Il est à remarquer que, depuis le mois
d'avril 1817, les vents de sud et de sud-
ouest, toujours humides et pluvieux, ont
dominé jusqu'en septembre ; les départemens méridionaux devoient en recevoir les premiers bienfaits ; mais ces
beaux climats, nus aujourd'hui, et privés
de ces grandes chaînes de bois élevés,
dont la fonction étoit de soutirer et de
faire distiller ces vapeurs sur une terre
altérée, ont vu passer dans les airs ces
sources fertilisantes, qui semblent les
fuir depuis que l'homme y a exercé ses
ravages : ces vapeurs ne pouvant plus être
ramenées en bas par aucune attraction
terrestre, s'élèvent dans les régions glaciales, pour se convertir en grêle, et dé-
soler les contrées septentrionales de la
France : voilà peut-être comment dans
les mêmes années, les récoltes des pays
du midi n'ont offert que de foibles tri-

buts *par excès de sécheresse*, et ceux du nord *par excès de froid.*

La *vigne*, l'*olivier* et le *mûrier*, qui nous ont attirés jusqu'à présent les trésors de toutes les parties de la terre, souffrent incontestablement du désordre des influences atmosphériques, dont nous venons de présenter les causes si palpables, aux yeux de quiconque veut les reconnoître. Ces maux physiques (heureusement réparables, comme nous le démontrerons bientôt), nous menacent de la perte d'une partie des richesses, dont nous avoit comblés notre position géographique, si favorable comparativement à celle de tant d'autres pays.

Déja il est reconnu que nos départements méridionaux, ne possèdent plus la moitié des *oliviers* et des *mûriers* qu'ils avoient il y a moins de trente ans : ce qui reste, souffrant alternativement des sécheresses et des frimas, décline et offre tous les jours moins de produits.... Nos fabriques sont obligées de tirer pour 25 à 30 millions de soies crues du Piémont et des autres contrées de l'Italie, que nous pourrions facilement recueillir sur notre sol (1).

Nos provinces méridionales cultivant le précieux olivier, possédoient autrefois en excédant de leur consommation, un riche objet d'échange avec l'étranger : aujourd'hui la plupart n'y trouvant plus leur nécessaire, sont forcées d'acheter des huiles au lieu d'avoir à en vendre ; et le commerce général va les chercher maintenant dans les pays soumis au sceptre du Croissant.

On mande de Marseille le 15 mars 1818. « On continue les envois d'espèces dans

____

(1) Le mûrier et l'olivier ont un article particulier dans la suite de cet ouvrage.

« le Levant, pour y être employées en
« huile ; nous avons dit que plusieurs négo-
« ciants s'étoient réunis pour une grande
« opération ; cet exemple a eu des imita-
« teurs ; près de *deux cent mille pias-*
« *tres* effectives, ont été achetées pour
« une seule maison, à ce qu'il paroît, pour
« cette destination. Ces dispositions ont
« donné lieu à une émission assez consi-
« dérable de valeurs sur diverses places,
« et à quelque dégradation dans le prix
« du change.

« Il est possible que cette spéculation
« soit un peu tardive ; on pourra être con-
« trarié par la rareté et la cherté des hui-
« les dans les pays de production, d'où
« l'on a reçu l'avis que les Grecs, gens
« difficiles à prévenir, ont accaparé tou-
« tes les huiles disponibles dans les divers
« marchés du Levant : les huiles seront
« donc à un prix fort élevé, rendues à
« Marseille. »

Les vins de Moselle, de Bar, du Haut-Rhin, de Bourgogne, de Champagne; les vins du Rhône, de Bordeaux, et ceux plus liquoreux du midi, ont un bouquet de terroir, un mérite de confection et une vertu dans l'usage, qui ont paru jusqu'à présent inimitables. Ces riches vignobles, qui ne peuvent nulle autre part trouver le même soleil, la même exposition et le même sol, partagent malheureusement avec l'olivier, le mûrier, et tant d'autres précieux végétaux, l'infortune qui s'attache aux biens de la terre par l'effet des déboisements.

On écrivoit le 15 octobre 1817 : « On « espéroit encore au commencement de « ce mois, faire dans le département de « la Marne, une récolte très bonne pour « la qualité des vins; mais malheureuse-« ment cet espoir s'est bientôt évanoui : « une *température froide et humide*, « ayant tout-à-coup succédé à la chaleur,

« a par-tout arrêté les progrès de la ma-
« turité du raisin. Ce fruit a été atteint
« de la gelée dans plusieurs endroits ;
« dans d'autres on s'est hâté de vendan-
« ger pour prévenir un semblable danger,
« et cet exemple est généralement suivi
« aujourd'hui, que tout espoir de parfaite
« maturité est perdu. »

On écrivoit à la même époque de la
Bourgogne et d'autres pays : « En raison
« des *gelées précoces* qui sont survenues,
« les vendanges ont été ouvertes dans
« l'arrondissement de Dijon, plusieurs
« jours avant celui auquel cette ouverture
« avoit d'abord été fixée... Dans la Meuse,
« la Moselle et la Meurthe, même résul-
« tat ; la Franche-Comté, rien, presque
« rien... »

Ces calamités météoriques, aussi constantes dans leurs effets que l'étoient
dans d'autres temps, nos anciennes et
douces températures, portent depuis

quatre années consécutives le désespoir
dans les pays de vignobles.

Si l'on observe les grands vignobles de
la Meurthe, de la Moselle, de la Meuse,
de la Marne et de la Côte-d'Or, qui gra-
vissent le long de nos montagnes du second et du troisième ordre, tout en re-
marquant l'avantage de leur excellente
exposition, on voit cependant qu'ils sont
privés de partie de ceux que leur offroit
la nature; les sommets de ces coteaux qui
pourroient les protéger contre les bises
glaciales, les vents froids et humides du
nord-ouest-nord, sont généralement déboisés, et laissent exercer à ces météores
si ennemis de la vigne, une puissance
sans frein, aux dépens des températures
douces et chaudes, si précieuses à ce
genre de culture.

Non seulement les gelées tardives du
printemps, les vents secs et brûlants de
l'été et les froids humides ou précoces de

l'automne, causent annuellement l'inquiétude et le désespoir de milliers de familles laborieuses; mais ces coteaux si richement parés par l'infatigable vigneron, sont périodiquement flétris et déchirés par les ouragans, depuis qu'ils ont été mis à découvert et sans abris.

Ces différents désordres produisent dans leurs effets successifs, des *inclémences* qui doivent, année commune, priver les vins du degré de qualité qu'ils pourroient acquérir d'après un meilleur ordre de choses; car si les sommets de ces riches coteaux étoient couronnés d'un rideau serré de cèdres, de pins, de mélèzes, de sapins, et d'autres arbres résineux, qui s'éleveroient jusque du sein des vieux rochers, aujourd'hui décharnés, non seulement tous les avantages de l'exposition se conserveroient au bénéfice de ces immenses et précieux vignobles; mais ces arbres résineux, réfléchi-

roient encore sur eux toute la chaleur qui
leur échappe par l'état de nudité actuelle
de ces montagnes ; d'une part, les vents
froids, violents ou humides, ne pourroient percer cette impénétrable enceinte ; et de l'autre, les rayons du soleil
seroient arrêtés, pour mûrir de leur chaleur nécessaire ce suc gracieux, destiné
à être un des plus puissants baumes de
la vie.

Il est certain qu'en aidant la nature
toujours docile, par ces paravents répétés avec intelligence et si faciles à préparer, on parviendroit non seulement à
rendre les récoltes constamment certaines, mais à les avancer peut-être d'une
lune, et à les garantir ainsi des surprises
de l'automne, par la fixité de la chaleur
et de la température, tout en obtenant
encore aux vins une qualité supérieure.

Les gens de la campagne observent
avec beaucoup plus de justesse qu'on ne

pense généralement : lorsque je leur demandai dans les départements de la Meurthe, de la Moselle et de la Marne, comment ils concevoient la cause des mauvaises récoltes qui s'attachoient depuis plus de quinze ans aux vignobles, qui exigent de si grands et de si constants travaux ? Ils me répondoient par-tout que depuis que *le grand rideau des forêts des Ardennes* avoit été éclairci, les vents froids du nord ayant flué à travers, avoient refroidi les températures au point de rendre les produits de la vigne tous les jours plus incertains.

Cette observation trop fondée, peut s'appliquer par-tout et à tout le règne végétal. Il n'est plus douteux aujourd'hui, que des bois élevés et serrés, ou abattus, peuvent changer la climature d'une grande contrée.

Nous avons vu qu'après l'intempérie des météores, les pays de vignobles touchoient à une autre souffrance, qui les menace de très près : c'est l'extrême rareté des bois nécessaires aux échalas, aux cerceaux et aux tonnelages pour soutenir la vigne et envaisseller les vins.

Le Barrois, la Champagne et la Bourgogne, tirent depuis de longues années ces matériaux indispensables, à de grandes distances des forêts des Ardennes, de la Lorraine et des Vosges ; ces bois augmentant sensiblement chaque année, par leur rareté, le prix des vins doit s'accroître dans la même raison : et c'est déja un mal réel ; mais ces forêts marchant à un rapide épuisement, il peut en arriver un mal plus grand encore : celui de l'impossibilité de continuer dans nos plus riches vignobles, la culture de la vigne par le défaut absolu de bois.... au point où en sont les choses, il ne faudroit pas un terme de vingt ans, pour arriver à un dénouement aussi fatal, si la prévoyance n'y mettoit ordre promptement.

Nous allons dans les chapitres suivants essayer d'offrir les moyens de reconstruire notre édifice végétal, d'après les vues que nous avons exposées, et avec le desir patriotique de remplir de notre mieux ce but peut-être utile à tous les pays.

Des hommes qui ont le malheur de douter de tout, et qui se plaisent jusqu'à mettre en problème, les moyens visibles que la Providence emploie, dans le mouvement perpétuel des éléments, pour réparer spontanément les dégradations de la terre, par-tout où l'homme ne s'y oppose pas, supposent de grandes difficultés à r boiser des montagnes, qui, en apparence, semblent dénuées de toute terre végétale, et ne présenter que des rochers nus et stériles, incapables de nourrir les foibles semences des plus grands arbres, que les vents sont chargés de transporter dans les lieux les plus bas, comme dans les plus élevés ; mais il est aussi aisé à la nature de charrier des montagnes de sables, grain à grain, des bords de la mer jusqu'au sommet des Alpes, que d'y transporter du sein de ses eaux, goutte à goutte, les glaces énormes qui les couvrent, et les grands fleuves qui en découlent.

La preuve que les poussières de sable s'élèvent à toutes les hauteurs, c'est que ces matières lapidifiques, s'aglomèrent souvent dans les régions les plus élevées, en grosses masses plus ou moins denses, qui tombent en forme de pierres sur la terre.

Bernardin de Saint-Pierre, Volney, Richard Pocoke, Corneille le Bruin, et tous les voyageurs qui ont su observer, parlent des pluies et des tempêtes de sable, qui parcourent toutes les zones de la terre pour la régénérer sans cesse.

C'est du mouvement perpétuel des flots de l'Océan, qui, nuit et jour roule, broie et triture les rochers et les galets de ses rivages, que se forme cette longue zone sablonneuse qui les couvre; c'est de cette zone qui entoure toutes les îles et tous les continents, que les vents enlèvent continuellement des nuages, d'une poussière si subtile et si légère, qu'ils s'envolent jusque dans les parties les plus reculées de la terre.

Cette poussière est si volatile, qu'elle s'élève aux sommets des plus hautes montagnes, et s'attache à leurs pics-hydro-électriques : elle remplit leurs parties caverneuses, comble leurs fentes et y nourrit les plus grands arbres. Broyée par la mer, échauffée par le soleil, et voiturée par les vents, elle renferme les premiers éléments de la végétation. Elle dépose des couches de terre végétale sur le faîte de nos murs, et jusque sur les corniches des tours qui, par son moyen, se couronnent de plantes de toutes couleurs, d'arbrisseaux et même de grands arbres. Le sable qui l'engendre est lui-même si subtil, et s'élève en si grande abondance sur les bords de la mer, qu'il les rend quelquefois inhabitables, au moins quand les vents y soufflent : c'est une des grandes incommodités de la ville du cap de Bonne-Espérance, entourée de montagnes de grés et de plages sablonneuses.

Quand le sable volatil qui les couvre est agité par le vent, non seulement il empêche les habitants de sortir dans les rues, mais il pénètre dans leurs maisons, quoiqu'il y ait de doubles châssis aux fenêtres, et que les portes soient fermées avec soin : il entre par les trous des serrures et par les plus petites fentes, en si grande abondance, qu'on le sent craquer sous la dent dans tous les aliments.

Corneille le Bruin, en dit autant des orages de sable, qui s'élèvent des bords de la mer Caspienne. Volney et Richard Pocoke, parlent des vents de sable fort incommodes de l'Egypte; ils produisent une chaleur de four, et obscurcissent l'air au point de rendre le soleil violâtre; ils sont si épais qu'on ne peut voir à la distance d'un quart de mille. La poussière entre dans les chambres les mieux fermées, dans les lits, dans les armoires. Les Turcs, pour exprimer la subtilité de ce sable, disent qu'il pénètre à travers la coque d'un œuf. On retrouve de pareilles tempêtes sablonneuses dans l'intérieur des continents : à Pekin on est obligé d'aller presque toute l'année à cheval, avec un voile sur les yeux.

Toutes ces remarques sur les prévoyances générales de la nature, pour régénérer la végétation détruite, ne peuvent laisser aucun doute sur la réussite que promet le reboisement de nos montagnes, dès le moment que l'homme voudra y concourir. En attendant que ce grand œuvre commence, la terre s'épanche avec abondance de tous les rivages, par la route des airs, pour venir les féconder.

TABLEAU DU CINQUIÈME CHAPITRE.

Ce tableau qui sera entier, aura l'Atlantique à gauche, à droite les chaînes de montagnes avec leurs pics, sur lesquels s'élèveront majestueusement dans les airs, le cèdre, le laricio, les mélèzes, les pins, les cyprès et les sapins; sur les revers descendront le hêtre, le chêne, le châtaignier, le noyer, l'orme, le bouleau et l'érable.

D'une part, on verra arriver les nuages; ils s'arrêteront devant cette masse de grands arbres élancés dans le haut des airs pour épancher leurs tribus, faire bouillonner les sources, nourrir les fleuves, et passer ensuite à une grande hauteur d'atmosphère dans d'autres pays.

Dans l'intérieur on verra régner, avec le calme, une riche végétation, et les habitants admirer la hauteur des arbres, couronnant leurs montagnes, comme leurs plus puissants remparts contre les ouragans.

On lira au bas:

Le cèdre couronnant nos montagnes
Sera le puissant protecteur de nos guérets.

CHAPITRE V.

Arbres dont le port, la durée, l'élévation et l'utilité générale, conviennent le mieux à nos plantations montagneuses et forestières.

Puisque le temps est si lent à reproduire ce que l'homme détruit dans un
instant ; puisque des siècles d'impré-
voyance ont accumulé sur nous tant de
maux qui tiennent au désordre des météores, à l'altération des climatures, à
l'irrégularité des récoltes et à la diminution de toutes les productions de la terre ;
soyons dociles à la voix du malheur qui
nous crie de replanter avec célérité nos
antiques montagnes.

Mais en replantant de nouveaux arbres, choisissons au moins ceux dont le
port, le feuillage et les fruits, présentent

le plus d'avantages à l'harmonie rurale.

Nous avons le hêtre, qui parcourt un espace de six siècles, et qui s'élève à 130 pieds, le plus bel arbre de nos forêts, le véritable *olivier* du nord, capable seul d'enrichir les villes et les campagnes, et qui jusqu'à présent semble n'avoir été considéré que d'une manière incomplète, et seulement sous le rapport de l'onctuosité de son bois, de la volubilité, de la pureté de sa flamme, et de la chaleur ardente qu'il procure : cette aveugle préférence donnée dans son état de mort, à l'arbre le plus intéressant de nos climats, a accéléré par-tout sa déplorable destruction.

Nos ancêtres, qui se délassoient sous son frais ombrage, l'apprécioient avec plus de discernement ; ils mangeoient son fruit agréable et huileux, sur-tout de celui qui donne la faîne la plus rouge et la plus allongée. Depuis quarante à cinquante ans, nous commençons à en extraire l'huile, qui, faite avec soin et à froid, est déja préférée dans toutes les cuisines, aux huiles de Provence, pour les fritures et autres usages semblables; malgré l'imperfection des procédés d'extraction de cette huile en général, nos épiciers qui entendent leurs intérêts, la vendent dans tous les départements septentrionaux pour de l'huile d'olive. Les marcs formés en gâteaux, engraissent en peu de temps ces beaux bœufs qui arrivent de tous côtés à Paris et dans les autres grandes villes, dont ils font la plus solide jouissance des tables.

J'appelle le hêtre avec d'autant plus de raison, l'olivier du nord, et le nom n'est point indifférent pour la conservation des choses utiles, que, comparé dans l'état d'inculture où nos forêts nous le présentent, à celui de l'olivier sauvage, il donne une huile supérieure, et qu'à espace égal, il en donne au moins quatre fois plus que l'olivier cultivé. Que seroit-ce donc si l'on soignoit, si l'on greffoit cet arbre précieux? Ne le verroit-on pas participer avec un égal succès, à cette heureuse amélioration de l'olivier méridional, et de ces premiers sauvageons, qui, d'un fruit grêle et acerbe qu'ils offroient dans les forêts, enrichissent aujourd'hui nos vergers par une pulpe charnue, et qui tout en flattant l'œil, le palais et l'odorat, font les délices et l'ornement de nos tables.

Je me plais à nommer le hêtre, l'olivier de nos forêts, et il seroit d'autant plus intéressant, de lui donner un nom propre à le faire enfin respecter, que plusieurs naturalistes, l'ayant on ne sait pourquoi, traité sous le nom de hêtre, d'*arbre ignoble*, ont ainsi encouragé d'une manière désastreuse, la cupide ignorance des marchands de bois.

Cet arbre qu'on rencontre jusque sur les croupes les plus élevées de l'*Apennin*, vient facilement dans presque toutes les terres, sur les montagnes, et les coteaux dans les vallées, et dans les plaines; il peut être multiplié à l'infini; il est d'un grand intérêt pour la société. Ses fruits une fois améliorés par une culture intelligente, et l'extraction de ses huiles étant perfectionnée, on verroit l'humble chaumière en jouir d'abord, et l'homme opulent rechercher bientôt cette huile délicate.

Mais cette espèce de beurre, qui ne demande ni vaches, ni fourrages, et qui répandroit si facilement l'aisance dans les familles, n'est pas le seul des avantages qu'offre l'éducation du *hêtre-olivier;* nos cultivateurs étant en général trop pauvres en bétail, par conséquent en engrais, laissent, abandonnent annuellement le tiers de nos terres en ja-

chères. Ils engraissent d'ailleurs leurs
bœufs avec du blé, de l'orge, des farines,
des carottes, des pommes de terre, et
autres légumes utiles et nécessaires aux
hommes, tandis qu'au moyen d'une abondante quantité de gàteaux qui résulteroit de l'extraction de l'huile, le bétail
pourroit être multiplié, les terres mieux
fumées, cultivées dans une plus grande
étendue, et le prix de la vie animale diminué dans la plus heureuse progression.

Voilà les bienfaits visibles qu'offrent
la plantation et la culture de l'olivier du
nord ; je développerai ses autres avantages à la fin de ce chapitre, avec ceux
qu'offrent en commun les autres arbres
forestiers.

LE CHÊNE.

Il a été décrit plus de vingt espèces de
cet arbre, l'un des plus beaux de nos
forèts, et qui a reçu les hommages de la

plus haute antiquité. Il fut consacré par les Grecs et les Romains au père des dieux ; gardé et habité suivant eux, par les dryades et les hamadryades ; l'idée des satyres, des sylvains, des faunes, et du dieu Pan, toute la mythologie champêtre se groupe autour de lui. Il soutient et nourrit le gui sacré de nos pères : à ce titre il fut vénéré des Druides, chanté par les Bardes. Qui l'eût dit que tant d'hommages aboutiroient à le voir mutilé et détruit par leurs descendants ?

Cet arbre, moins long à croître, moins long à se détruire que le hêtre, compte aussi ses lustres par les siècles ; on en a vu un en Westphalie qui avoit 30 pieds de circonférence sur 136 pieds de hauteur. Il vient également dans tous les sites, dans toutes les terres, et offre de même ses fruits aux animaux.

Le chêne présente parmi les différentes espèces, le gland doux et noisetier, qui existe encore dans nos forêts, malgré la guerre de destruction qu'on lui a faite dans les temps de barbarie. Quoique ce mets ait trop d'âpreté pour nos palais, nous devons cependant le greffer et le multiplier autant qu'il est possible, pour en tirer des huiles, et pour approvisionner nos étables.

La Caroline et la Virginie nous ont fourni une nouvelle espèce de chêne pareil, mais qui ne se défait jamais de sa verdure, et qui produit un gland si doux, que les habitants l'amassent pour le manger pendant l'hiver : il donne une huile délicate comme celle d'amandes douces, et pourroit par conséquent être cultivé chez nous, contribuer à la prospérité des ménages.

Le chêne panaché, dont le port et le feuillage sont de la plus grande beauté, dont le vert réunit toutes les nuances, et qui se greffe facilement sur le chêne commun, répandroit une agréable variété dans nos forêts.

Nous possédons en France un chêne, d'un bois très dur et de bon usage, qui a la propriété de croître d'un tiers plus vite que le chêne commun; qui mériteroit par conséquent d'être très multiplié, et de recevoir nos premiers soins dans nos plantations.

Le chêne vert qui croît dans tous nos départements méridionaux, sur lequel on recueille le *kermès*, ou la cochenille européenne, pour teindre nos belles écarlates, présenteroit des avantages inappréciables au commerce et à nos manufactures par sa multiplication; il pourroit non seulement nous affranchir des onéreux tributs que nous payons pour la cochenille du Pérou, mais rendre encore tous les autres peuples manufacturiers nos tributaires pour le montant de notre superflu.

Chêne à cochenille.

« Il seroit certainement utile , dit
« d'Apligny, de ne pas négliger les dé-
« couvertes des naturalistes, et il seroit à
« desirer qu'elles donnassent lieu à des
« expériences qui, seules peuvent déci-
« der si l'on en peut tirer un parti avan-
« tageux. Mais comment l'osera-t-on es-
« pérer, lorsque nous avons la cochenille,
« que nous tirons à grands frais des pays
« étrangers , quoique sa teinture soit
« moins fixe que celle du *kermès?* L'hom-
« me est naturellement paresseux, il s'en-
« dort dans la jouissance ; le besoin est
« seul capable de le réveiller. Lors donc
« que par quelque révolution, l'usage de
« la cochenille nous sera interdite, ou
« qu'elle sera devenue fort chère, nous
« aurons recours aux œufs de Réaumur,
« ou aux punaises de la jusquiame, ou
« bien on reprendra l'usage du *kermès,*
« du teint duquel on est assuré, et qu'on
« a trop légèrement abandonné.» *Traité*

sur la teinture des laines, soies, fils et cotons.

Le commerce réclame également pour tous les départements méridionaux, la plantation du chêne à liège, dont les différentes variétés diminuent sensiblement. Ses glands sont reconnus excellents pour l'engrais des porcs.

Mais le chêne commun de nos forêts, est celui de tous qui atteint le plus grand développement, celui de qui les campagnes attendent et reçoivent le plus de bien. C'est lui qui fournit abondamment à la nourriture du porc, le plus glouton et l'un des plus utiles des animaux domestiques, puisque lui seul fait la richesse du pauvre, et que sa chair est recherchée par le riche. C'est ce gland qui donne la consistance au lard, et la saveur à la chair la plus exquise, et aux autres accessoires qui proviennent du porc, et dont l'usage est le plus général parmi les hommes. Là où ce précieux fruit est rare, ou manque absolument, c'est une calamité pour tous les habitants; alors le manœuvre et le fermier sont obligés de diminuer le nombre de ces utiles animaux, de prendre pour nourrir et engraisser le reste, sur les grains et les légumes nécessaires à leur famille; et lorsque ces derniers moyens leur sont refusés, la plus douloureuse privation, et la perte de la nourriture la plus substantielle et la plus agréable pour cette classe d'hommes en est le résultat.

Le chêne qui nous vient du Levant pourroit nous offrir encore de grands avantages : il étend ses branches au loin, et s'élève aussi haut que le chêne commun; ses glands vont jusqu'à la grosseur d'une pomme moyenne, et sont les plus grands que l'on connoisse : ses greffes pourroient enrichir nos forêts.

Telles sont les espèces de chênes, ou

les plus beaux ou les plus utiles que nous ayons, et qu'il seroit particulièrement intéressant de propager : en arbres comme en animaux, le plus grand avantage de l'éducation consiste à s'attacher aux meilleures, aux plus belles races, les inférieures viennent toujours assez facilement et en assez grand nombre.

CHATAIGNIER.

Cet arbre mérite, par sa belle stature, et son utilité générale, d'être mis au premier rang des arbres forestiers. Son histoire se trouve sur les flancs du *mont Etna*, dans ce fameux châtaignier, nommé le *Cavalier*, qui a jusqu'à cent pieds de circonférence : on le connoît depuis plusieurs siècles, qu'il est remarqué sur un grand nombre de cartes, d'époques très éloignées.

Cet arbre croît dans tous les climats tempérés, et couvrait autrefois, par gran-

des forêts, les terres occidentales de
l'Europe. Les plus belles charpentes de
nos vieux bâtiments attestent par-tout
son ancienne abondance. Il se plaît à orner, dans les terrains légers, les croupes
des montagnes et le penchant des collines, où il reçoit la fraîcheur qui lui est
nécessaire. Sa disparition de la plupart
de nos cantons, qu'autrefois il enrichis-
soit, et qui a laissé un grand vide dans
nos besoins, peut être attribuée aux
guerres, à l'excellence de son bois pour
les charpentes, la tonnellerie, les vignobles, les houblonnières, et pour beaucoup d'autres usages domestiques; elle
peut être attribuée aussi à l'effet des
grands défrichements qui ont refroidi
les températures douces qui lui sont nécessaires.

Le châtaignier, si riche par son fruit,
possède sur-tout la qualité recommandable de croître deux fois plus vite que

le chêne, de jeter plus de bois, et de n'être presque pas sujet aux atteintes des insectes : c'est lui qui, d'une main, offre l'encens au dieu *Pan*, et de l'autre à *Vertumne*. Il tient un heureux milieu entre la rusticité des forêts et la sorte d'apprêt de nos vergers : à ses pieds résonne la retentissante cornemuse du pasteur, et la flûte douce et veloutée du berger.

Le châtaignier, qui porte des fruits dès l'âge de dix ans, en est ordinairement quatre-vingts à croître, moitié à se reposer, autant pour s'éteindre, et peut offrir, pendant au moins cent soixante-dix années de suite, ses moissons à son maître, sans coûter d'autre soin, sans donner d'autre peine, que de ramasser son fruit. La greffe en écusson qui est la plus sûre, rendroit facilement ce fruit plus beau, plus gros, plus savoureux, et permet d'attendre des secours infinis de ce magnifique végétal : c'est ainsi que les châtaigniers sauvages du Dauphiné et du Lyonnois, répandent aujourd'hui ces beaux marrons de Lyon, renommés dans toutes les parties du monde.

En donnant à ce précieux arbre le rang qu'il mérite d'avoir dans nos forêts nouvelles, on le verra répandre l'abondance dans tous les cantons.

Les châtaigniers tiennent lieu de pain à beaucoup de nos peuples montagnards, principalement à ceux du Limousin, de l'Auvergne, du Rouergue, du Périgord, des Pyrénées et des Cévennes, où l'on prépare le mieux les *castagnous*, qui forment une pâte agréable et très nourrissante.

Mais nos étables et nos basses-cours, de quelques espèces qu'on les suppose peuplées, trouveroient dans cet excellent fruit, une savoureuse et abondante desserte, qui permettroit, non seulement de

multiplier sans terme les animaux qu'on
y élève, et d'augmenter l'aisance de toutes les familles, mais d'épargner ainsi
que par le hêtre et le gland, une grande
quantité de grains et de légumes, qui
doivent aujourd'hui remplacer leur absence.

Les trois arbres, dont je ne viens que
de rendre foiblement les avantages, méritent d'être multipliés, et ceux qui existent conservés, avec d'autant plus de
soin et d'intérêt que, seuls, ils seroient
capables de changer la face de tous les
ménages.

Ce que le laborieux cultivateur cherche à créer par les plus pénibles travaux,
en déchirant sans cesse les flancs de la
terre avec de nombreux attelages, il le
trouveroit abondamment, sans fatigue,
dans le hêtre, le chêne, le châtaignier,
et dans les noyers, qui méritent de leur
être associés. Quelle abondance d'huiles

diverses, quelle multitude d'animaux utiles ; que de richesses s'accumule- roient par-là entre les mains de l'homme, étonné de semblables résultats !

BOULEAU.

Le bouleau, qui s'étend jusqu'aux la- titudes boréales, croît de préférence et rapidement dans les terres humides, sa- blonneuses, maigres et marécageuses, même dans la fente des rochers. Il forme une agréable variété dans les forêts, par sa forme pyramidale renversée, l'éclat et la blancheur de son écorce, l'élasticité de ses branches, et la précocité de ses feuilles très odorantes. Son bois très utile, sert à faire des cerceaux, des sa- bots, toutes sortes d'ustensiles de mé- nage ; ses rameaux à faire des balais, et son écorce incorruptible sert de chaus- sure à tous les peuples du nord.

Sa sève est si sucrée et si abondante

au printemps, que les enfants courent
dans les bois s'en abreuver avec plaisir :
d'autres la font fermenter pour en avoir
le vin de bouleau. On pourroit en tirer
le même parti que les Américains de l'é-
rable, et en faire du sucre; mais ces sai-
gnées, qui affoiblissent les arbres, doivent être proscrites.

ÉRABLE.

Il y a dix espèces d'érables connues :
leur feuillage lacinié forme une agréable
et gracieuse tapisserie dans les forêts;
mais il n'y en a que deux qui donnent la
précieuse sève à sucre. Ils se reprodui-
sent facilement, et veulent être multipliés dans nos forêts, autant que la main
de l'homme pourra y suffire. Les abeilles,
qui aiment à recueillir les larmes sucrées
qui transsudent de ces arbres, ainsi que
des bouleaux, y trouveroient également
un riche butin.

CHARME.

Le charme, le plus généralement répandu, qui donne le meilleur combustible par sa densité et son onctuosité, vient avec profusion dans toutes les terres et toutes les expositions. Il justifie bien son nom par le charme qu'il répand sur tous les paysages, et les gracieux berceaux qu'il produit par-tout où il se déploie. Ornement des forêts, abondant en bois, il mérite d'être propagé à l'infini.

ARBRES RÉSINEUX.

MÉLÈZE.

Le mélèze est un des arbres les plus utiles que possède le continent de l'Europe; il s'élève communément à quatre-vingts pieds, et va jusque passé cent pieds de hauteur : il croît dans le voisinage des glaces éternelles des Alpes, et

regarde de sa cime superbe les nuages
qu'il touche de son pied. Il vient encore
mieux à des zones moins élevées; il se
plaît même sur le bas des coteaux, et
jusque dans les plus profondes vallées,
d'où il s'élance fièrement dans la région élevée, pour jouir de l'air pur qu'il
aime.

Cet arbre qui, dans ces régions émi-
nentes, reçoit les premiers regards du
soleil, conserve sa fraîche et riante verdure jusqu'à l'entrée de l'hiver: son bois,
qui brave les intempéries et les siècles,
sert à l'architecture navale. On a trouvé
intact un navire construit en mélèze,
dans des sables où il étoit engravé depuis
des siècles. Ce bois incorruptible a été
trouvé sain, au bout de deux mille ans,
dans le temple d'Apollon à Utique. C'est
à lui que les anciens peintres confioient
les chefs-d'œuvre de leurs pinceaux,

qu'ils vouloient transmettre à la postérité.

Outre l'agarie, sorte de champignon
très recherché pour ses vertus médicinales, il procure jusqu'à huit livres d'une
excellente térébenthine, dont on compose aux Indes, en Perse et en Turquie,
un agréable et salutaire masticatoire,
très en usage parmi les femmes, jalouses
d'avoir une haleine odorante; on en compose aussi de salutaires onguents. Ses
qualités balsamiques et vulnéraires sont
connues et en usage chez tous les peuples. Il seroit donc sage et avantageux
de semer des forêts de mélèzes, lorsque
dans tous les autres pays on les anéantit.

Le mélèze noir d'Amérique et celui de
Sibérie, qui n'atteignent pas la hauteur
du premier, pourroient agréablement
s'associer dans la même demeure. Il tran-
spire des mélèzes, au printemps un suc,

en forme de petits grains, légèrement sucrés, connus sous le nom de *Manne de Briançon*, qui est recherchée pour ses propriétés, mais qui attirent sur-tout de nombreux essaims d'abeilles, averties au loin que, dans ces solitaires enceintes, la nature leur apprête les premiers plaisirs qui doivent les consoler du long sommeil de l'hiver. Les forêts de pins et de sapins, un peu moins précoces, leur offrent ensuite les mêmes jouissances. Le miel, ainsi produit, est à la vérité moins agréable que celui des fleurs, mais il a aussi des qualités plus balsamiques. L'écorce des jeunes mélèzes, étant fort astringente, peut utilement remplacer celle du chêne, pour le tannage des cuirs.

CÈDRE.

Le cèdre majestueux qui vit au milieu des neiges une partie de l'année, et au sein des nuages qu'il semble soutenir

de ses vastes branches, a été immorta-
lisé par les livres sacrés qui ont parlé de
la construction du temple de Jérusalem.
La première statue de Diane au temple
d'Éphèse étoit de cèdre du Liban. La
sciure étoit un des ingrédients dont les
Egyptiens se servoient pour embaumer
les corps : l'on en tiroit aussi une huile
propre à la conservation des livres.

«Cet arbre majestueux, dont la verdure est perpétuelle, et dont les branches immenses, touffues, plates et horizontales ressemblent, quand le vent
les balance, à des nuages qu'il chasse devant lui; cet arbre si utile enfin, croît
d'autant mieux que la terre est plus *stérile*, et donneroit à nos montagnes nues
un vêtement superbe et précieux. » (*Le
Baron Tschoudy.*)

Le beau cèdre qui embellit le Jardin
des Plantes de Paris, et dont les branches ont déjà une étendue de 40 pieds

de chaque côté, a été apporté d'Angleterre, il y a 82 ans seulement, par le célèbre Bernard de Jussieu. Il le portoit dans son chapeau, lorsqu'il est venu le confier à la terre flattée de le posséder. Ce bel arbre qui nous ravit dès son enfance, qui a peut-être encore six siècles à s'élever et à s'étendre, attache nos regards et commande une sorte de vénération.

Lorsqu'on le contemple du haut du labyrinthe, chacune de ses vastes branches horizontales et serrées semble former une prairie suspendue, ou représenter ce célèbre jardin de Babylone, mis au rang des merveilles du monde... Mais lorsque les vents balancent ses branches fermes et étendues, on diroit une mer en mouvement, ou voir s'agiter gravement toute une forêt.

Les naturalistes avoient placé, avant la révolution, le buste de *Linné* sous le buste de son ami, lorsqu'un vandalisme destructeur s'empara des esprits; des ignorants prirent ce buste pour celui d'un *aristocrate*, et le brisèrent... Ne conviendroit-il pas d'appeler ce bel arbre le *Cèdre-Jussieu?* il rappeleroit ainsi son père d'adoption, celui qui a soigné et protégé sa première enfance. Destiné par sa nature à rester debout dans la nuit des siècles, il conserveroit un nom qui doit être cher aussi long-temps que dureront l'admiration et la reconnoissance.

Lorsqu'un aussi bel arbre s'offre avec docilité à nos jouissances et se prête à remplir sur-tout puissamment pour le repos et la fécondité de nos plaines, les plus grandes fonctions météorologiques, négligerions-nous d'en couronner nos montagnes, d'en ombrager nos champs pour les préserver du froid, de la grêle, du tonnerre et des dévorantes sécheresses? Le vent le plus impétueux, l'ouragan le plus violent viendroient s’anéantir devant cet autre *Éole*, dont ils ne sauroient jamais déconcerter la majestueuse gravité.

Le cèdre vient naturellement dans les îles de Bahama, dans plusieurs des Antilles; il a communément entre quatre et cinq pieds de diamètre, et s’élève de 130 à 140 pieds de hauteur. On en a coupé à la Jamaïque et à Cuba d’une stature si forte, qu’ils ont donné des planches de six pieds de largeur.

Ce bois, incorruptible comme celui du mélèze, offriroit à notre architecture navale une économie, une force, une légèreté dont aucun bois autre que celui du cyprès ne peut approcher; il épargneroit le doublage en cuivre de nos vaisseaux, opération ruineuse dont l’objet est de les garantir un peu plus long-temps contre l’attaque des vers, qui les détruisent rapidement; il donneroit plus de

légèreté à ces citadelles mouvantes, exi-
geroit moins de monde pour les manœuvres, permettroit d'embarquer un poids
plus considérable en marchandises, et
diminueroit sur-tout le malheur des naufrages qui, dans les voyages de long
cours, procèdent si souvent de la corruption du bois.

C'est avec les beaux cèdres du Liban
que les Egyptiens et les Phéniciens construisoient, au rapport de Pline, des vaisseaux d'une durée inconnue de nos
jours.

La navigation fluviale, qui a à calculer
les nombreuses sinuosités, les basses
eaux, le poids des embarcations, la dépense des manœuvres, la lenteur ou la
célérité de la marche, la forme, l'entretien ou la durée des constructions qu'elle
emploie, auroit tout à gagner dans la légèreté et l'incorruptibilité de ce bois,
qui sous ce rapport encore, offriroit des

avantages infinis à ces intéressantes communications commerciales entre les peuples du continent.

Les Anglois, dont l'industrie ingénieuse embrasse tout ce que la nature ou les arts peuvent offrir d'utile ou d'avantageux, vendent le cèdre d'Amérique pour du bois de Madère, dont on fait toutes sortes d'ouvrages de menuiserie et de tabletterie odoriférants : ils ont même imaginé de faire des barils, moitié en douves de cèdre, et moitié en bois blanc, dans lesquels ils font séjourner les rhums, ou d'autres liqueurs fortes, qui y acquièrent un goût et une saveur fort agréables.

Mais, outre tous ces avantages que le cèdre offre dans son bois, et qui peuvent s'étendre à mille autres objets utiles ou agréables, il donne aussi tantôt la poix, tantôt la résine nommée *Cédria*, qui, sous le nom d'huile de *Cade*, est regardée comme un remède souverain pour les maux d'yeux, ceux de dents, et surtout contre la piqûre des animaux venimeux. C'est encore avec la *cédria*, que les anciens frottoient les feuilles de papyrus, pour les rendre incorruptibles et les garantir des insectes.

Il est bien extraordinaire, que le plus bel arbre qui pare notre hémisphère, dont la durée se perd dans la nuit des siècles; qui répand tant de grandeur sur les lieux qu'il habite; qui fait naître tant de sentiments élevés dans l'ame qui le contemple; duquel les arts et nos combinaisons nautiques auroient des avantages incomparables à attendre; qui sembloit sur-tout destiné par la nature, à remplir les plus importantes fonctions météorologiques pour le repos et la fécondité de la terre, soit resté oublié, qu'on le laisse dépérir même sur le *Mont-Liban*, et que notre Europe n'en compte

encore que quelques allées en Angleterre
et quelques arbres épars dans nos jardins d'agrément; sujet des plus vifs re-
grets quand on songe que sa propagation
dans toutes les terres, dans presque tous
les sites, offre la plus grande facilité !

On ne sauroit prendre une idée plus
grande de la durée des grands arbres,
dont nous ne pouvons comme du cèdre,
marquer encore la distance entre la naissance et la mort, qu'en lisant l'histoire
du *baobab*. Voici ce qu'en dit Deleuze,
dans les ***Amours des plantes***.

Le baobab croît en Afrique. Son tronc
a jusqu'à 80 pieds de circonférence : sa
tête est arrondie, et ses branches descendent fort près de terre; il présente
une masse hémisphérique d'environ 150
pieds de tour, sur 70 de hauteur. Ses
fleurs sont très grandes et ont six pouces
de largeur; son fruit connu sous le nom
de pain de singe, est ovale et a un pied

de long ; il contient des graines osseuses, nichées dans une pulpe agréable à manger, légèrement acides et très rafraîchissantes.

La durée du baobab étonne l'imagination. Adanson qui a décrit cet arbre énorme, a cherché à prouver que parmi ceux qu'il avoit observés, plusieurs étoient âgés de *six mille ans*.... Si les bases de ce calcul paroissent exagérées, je crois le fait assez curieux, pour rapporter ici les observations raisonnables sur lesquelles elles sont fondées.

On ne peut s'assurer de la durée des arbres, qui vivent plusieurs siècles, que par la progression de leur grosseur ; et celle-ci est déterminée par des inscriptions, creusées profondément dans l'écorce jusqu'au bois, et qui marquent leur grosseur à l'époque de l'inscription : c'est par ce moyen, dit Adanson, que je puis donner quelques probabilités sur la durée du baobab. Ceux que je vis en 1749, aux îles de la Madelaine, près du Cap-Vert, avec des noms hollandois, tels que Rew, et d'autres noms françois, dont les uns datoient du quatorzième, les autres du quinzième siècle, avoient, à cette époque, environ six pieds de diamètre. Ces mêmes arbres avoient été vus en 1555, c'est à-dire, il y a près de 250 ans, par Tevet, qui les cite dans la relation de son voyage aux terres antarctiques, en les traitant de beaux arbres, sans en donner la grosseur, qui devoit être au moins de trois à quatre pieds, à en juger par le peu d'espace qu'occupoient les caractères des inscriptions; ils avoient donc grossi seulement de deux à trois pieds dans un espace de 250 ans. Outre ces termes d'observation, l'auteur en mentionne d'autres qu'on croit inutile de suivre, mais qui semblent assez concluantes. C'est

bien à un arbre pareil qu'on peut appliquer ces vers de Castel :

Combien de fois la terre a changé d'habitants.
Combien ont disparu d'empires éclatants,
Depuis que ce géant, du sein de la bruyère,
Élève vers le ciel sa tête séculaire !

SAPINS.

Le sapin toujours vert, croît en Europe, en Asie et en Amérique, de préférence dans les latitudes froides ou les
lieux élevés; il vient sur le revers des
coteaux nord, jusque dans les gorges
ténébreuses, et même les moindres fentes
des rochers; il vient dans toutes les terres, mais mieux dans celles qui sont profondes. Il est remarquable par la direction droite de sa tige, par sa prodigieuse
élévation, qui parcourt une ligne de 100
pieds de hauteur; la forme pyramidale
de sa tête, la disposition de ses branches

horizontales, dont les étages marquent les années : enfin par cette circonstance particulière qu'il s'élève environ d'un pied annuellement, de sorte qu'il peut croître 100 ans, et avoir une existence d'au moins trois siècles.

Il y a onze espèces de décrites de cet arbre, dont chacune offre des avantages généraux et particuliers à la société. Le sapin à feuilles d'if, très commun dans les Vosges, donne cette résine liquide et transparente, qui constitue la térében- thine, dont Strasbourg fait un grand commerce avec Paris ; cet arbre d'une grande beauté donne des cônes fort longs.

Le sapin odorant ou le baume de *gilead*, si recherché par ses divers usa- ges dans les arts, est en même temps le plus beau de ces arbres. Le baume de gilead est un des plus estimés : on le tiroit originairement d'un arbre du même nom, qui croît en Égypte et dans la Judée; mais sur-tout dans l'Arabie heureuse, où il est d'une si grande valeur, qu'il fait partie du revenu particulier du Grand-Seigneur, sans la permission de qui, il n'est point permis d'en planter ou d'en cultiver : le sapin odorant dont il s'agit offre et les mêmes avantages et les mêmes vertus.

L'épicéa est le sapin le plus commun en Europe : outre qu'il s'élève à la plus grande hauteur, toutes les terres lui sont bonnes. Ses riches franges pendantes avec grace, et sa forme pyramidale élégamment prononcée, lui donnent un port noble et imposant; il fournit par transsudation une substance résineuse qui se durcit à l'air; nous lui devons la poix blanche et la poix noire, indispensable à un grand nombre d'arts et métiers, et sur-tout à la marine, pour calfater les vaisseaux.

La France paye annuellement de fortes sommes aux différents peuples de
l'Europe, pour les baumes, les térébenthines, les poix, les résines et les mâtures, qu'offre avec le pin ce précieux végétal, et que par de plus sages dispositions de nos pères, elle devroit au contraire posséder en abondance. Souvent
les désastres de notre marine, la perte de
nos colonies et des traités onéreux, n'ont
eu pour cause que la difficulté de ramener des pays du nord, ces matières indispensables, que l'ennemi nous enlevoit pour augmenter sa force par notre
foiblesse.

L'usage du bois de sapin est si généralisé, qu'on trouveroit aujourd'hui peu
de chaumières, qui n'en présentent dans
leur charpente ou dans quelque meuble;
la consommation s'en augmente tous les
jours à tel point, et par une sorte de contradiction, la replantation en est telle

ment négligée, qu'en peu d'années nous devons atteindre l'anéantissement des forêts éparses qui nous restent encore, et dans lesquelles il est déjà très rare, de trouver quelques sapins, qui aient parcouru toute la révolution de leur entier développement.

Rien de plus somptueux que les hautes palissades de sapins qui ornent plusieurs chemins de la Suisse, et dont la verdure inaltérable contraste si avantageusement avec l'état de mort répandu, pendant les hivers, sur toute la nature; mais surtout rien de plus intéressant que l'abri qu'elles procurent aux campagnes contre les vents et les gelées; souvent là où la terre, dans sa froide nudité, ne pouvoit produire au profit de l'homme la matière d'aucun tribut, on voit s'élever aujourd'hui, graces à ces haies puissantes, et de riants jardins et la vigne frileuse; pour enrichir la main industrieuse qui sait les rechercher.

En Allemagne et en Angleterre, on voit les promenades, les campagnes et les jardins, parés et enrichis de tous les arbres rares ou utiles que produisent les différentes régions du globe; tandis que la France qui, par sa position et par sa structure physique, possède une si grande variété de climatures, pourroit s'emparer de toutes les latitudes, par conséquent de tous les végétaux, ne connoît, privée de tout abri, que le mugissement des vents tempétueux et les ravages des ouragans. On diroit que l'esprit d'Arimane a quitté les rives dépeuplées du Tigre et de l'Euphrate, pour déverser sur cette belle contrée de l'Europe, tous les maux qui à la suite des déboisements, ont accablé ces antiques et célèbres régions.

Mais le sapin, qui embellit, qui enrichit de ses longs produits les habitations qui l'avoisinent, ainsi que la patrie qui l'adopte et le protége, correspond de sa tête élevée avec les météores qu'il maîtrise, et dont il assureroit l'empire à l'homme, s'il vouloit le posséder. Il conserve à la terre la chaleur nécessaire pour faire croître les végétaux encadrés dans son enceinte; il atténue, il adoucit les vents déchaînés contre les récoltes confiées à sa protection; enfin, il s'offre à habiter encore les vieux rochers et les croupes arides de nos montagnes, pour attirer de nouvelles eaux dans nos vallons : il est par conséquent très digne de nos recherches.

On prépare une bière saine et agréable, avec les jeunes pousses de la sapinette blanche. Les bourgeons de sapin, en infusion, sont d'usage en médecine. Berkley, évêque de Cloyne, qui a fait un traité sur l'eau de goudron, la regarde

comme le plus puissant et le plus univer-
sel des remèdes.

PINS.

La famille des pins est fort nombreuse;
elle compte une vingtaine d'espèces différentes, capables de diversifier agréablement nos forêts; mais comme leur
description faite avec une rare et élé-
gante sagacité, par le baron Tschoudy,
a exigé une grande étendue, je me bornerai à y puiser simplement les choses
essentielles à mon objet.

Le pin de Genève devient grand et
branchu : il vient de graines jetées au
hasard, croit avec trois pouces de terre,
par-tout où les autres végétaux refusent
de vivre : il brave l'impétuosité des plus
grands vents, s'accommode de tous les
climats, ne craint la vicissitude d'aucune
saison, et peut par conséquent peupler
les lieux qui sembloient être condamnés

à une éternelle aridité. Le pin d'Écosse n'en diffère qu'en ce que sa tige est plus droite et acquiert plus d'élévation.

Le franc pin se trouve répandu dans la plupart de nos départements méridionaux ; il a résisté dans le jardin du roi à Paris, aux plus grands hivers ; ses cônes renferment des amandes appelées pignons, qui grillées sont très agréables à manger : c'est ainsi que je les ai vu apprêter dans les Pyrénées ; on en fait aussi des dragées, des crèmes, des pralines : ils entrent dans quantité de mets recherchés ; mais ce qu'ils présentent de plus précieux, c'est l'huile douce qu'on en tire, qui partage les qualités de l'huile d'amande. Les méridionaux ne l'apprêtent pas, parcequ'ils possèdent les huiles d'olive ; mais nos départements tempérés et septentrionaux en tireroient de grands avantages, et nos basse-cours une riche nourriture dans les marcs : cet arbre peut sous le rapport de son fruit, être assimilé au *hêtre*, au *chêne* et au *châtaignier*.

Le pin de montagne, ou *torche-pin*, croît aux environs de Briançon ; il a beaucoup de résine : aussi les habitants s'en servent-ils pour en faire des torches. Le pin de montagne ou d'Haguenau, que j'ai vu fort répandu dans les petites Vosges, tient de très près au précédent ; il vient dans les fonds sableux et dans tous les sites.

Le grand pin maritime est l'espèce la plus répandue ; ses cônes sont plus longs, moins gros, et ses pignons plus durs que ceux du franc pin : ses usages sont les mêmes. Le petit pin maritime est aussi beau que le précédent, seulement ses cônes sont moins gros et ses feuilles plus courtes. Le pin maritime de Mathéole est très résineux ; il se rapproche beaucoup pour les qualités de celui de Ge-

nève; mais il est moins beau que les deux
autres pins maritimes.

Le pin rouge du Canada tient beaucoup du torche-pin, ainsi que le pin gris
du même pays : ils seroient par leur
grande élévation, très propres à la mâ-
ture des vaisseaux; mais la grande quantité de leurs branches les rend fort
noueux.

Le pin des marais ne vient en Amérique que dans les lieux bas et humides; il pourroit avantageusement couvrir
beaucoup de sites semblables en Europe,
et devenir pour nous pendant les grandes chaleurs, par le baume et le parfum
de ses résines, un puissant salubrifère.
Le *pin* blanc, qui vient dans les mêmes
lieux en Canada, qui pousse jusqu'à cent
pieds de hauteur et sert à la construction des plus grands vaisseaux, rempli-
roit utilement le même objet : ses pignons
sont gros et bons à manger. Le *pin d'en-*

cens, dont la résine est fort odorante, doit tant qu'on le peut, être placé dans le voisinage des marais.

Le pinastre du Briançonnois, qui se plaît dans les lieux froids et élevés, donne une amande fort agréable, qu'on mange comme les noisettes, et de laquelle on pourroit tirer les mêmes avantages que du franc pin.

Mais l'arbre de ce genre qui doit le plus nous intéresser, c'est le colossal Laricio de l'île de Corse, qui s'élève au-delà de cent trente pieds de hauteur, qui donne la térébenthine avec profusion, dont la charpente est impérissable, et qui seroit propre à faire entre le ciel et la terre, l'office d'un puissant syphon ; avec lequel on pourroit multiplier en quelque sorte, les coteaux dans les plaines, et transformer les collines en montagnes, pour aider à nous asservir l'empire des météores : c'est ce noble végétal que nous devons sur-tout rechercher et propager, jusqu'à ce que nos moindres hameaux puissent s'enorgueillir de sa possession.

La nombreuse famille des pins, dont l'utilité se diversifie à l'infini, tient un des rangs les plus distingués dans l'ordre des arbres forestiers : cet arbre qui est déjà dans sa force à soixante ans, commence à donner à vingt-cinq ans du brai gras, du brai sec, de la résine jaune, du galipot, de la térébenthine, du goudron, du noir de fumée, etc. Son écorce peut aussi remplacer celle du chêne pour le tannage des cuirs; ses fruits, qui ont la plupart des qualités balsamiques, peuvent augmenter nos provisions d'huiles douces, et leurs marcs alimenter nos étables et nos basse-cours. L'encens de ses résines est propre à corriger les miasmes méphitiques qui s'exhalent des lieux malsains, à prévenir les épidémies et les épizooties; ses bois, qui sont d'une longue durée, peuvent fournir des mâtures et des planches à la marine, des corps de pompes aux fontaines, des matériaux à la menuiserie, des échalas aux vignes; ses branches pendant l'hiver, aux chèvres et aux moutons; enfin ses charbons à l'exploitation des mines.

On ne peut dit Duhamel, planter des forêts plus avantageuses que celles des pins : ils croissent dans des sables stériles; à quinze ans on peut les abattre pour les brûler; à vingt-cinq et trente ans ils fournissent de la résine; ils sont dans toute leur force à soixante ou quatre-vingts ans, et vivent comme les chênes cent cinquante et deux cents ans : leurs futaies produisent un revenu annuel considérable, et n'exigent presque aucune dépense.

Les environs de Fontainebleau n'offroient, il y a soixante ans, qu'un désert de sables et de rochers desséchés ; c'est aujourd'hui une magnifique forêt de pins de diverses espèces, dont on doit la plantation à feu Lemonnier, qui a rendu de grands services à l'agriculture et à la botanique. Il avoit fait aussi une superbe plantation de pins de Riga dans les environs de Rouen ; ils avoient parfaitement réussi : cette belle plantation a été malheureusement détruite dans les temps orageux de la révolution.

Cet arbre, le plus sobre des arbres, qui se contente de la maigre nourriture à laquelle se refuse le plus misérable buisson ; qui veut croître par-tout où il ne croît rien ; qui se plaît avec le froid, avec le chaud ; qui ne craint ni l'humidité ni la sécheresse ; qui veut peupler et fructifier tous les lieux arides et abandonnés, parer de nouveau les rochers solitaires et desséchés ; cet arbre, dont la verdure éternelle survit aux plus longs hivers,

est digne de notre plus haute sollicitude.
Les familles de cyprès, d'ifs, de thuyas,
de buis, de houx, de génevriers, soit indigènes, soit d'Égypte, ou de Virginie,
prendront naturellement leur place dans
le riche encadrement des grands arbres
résineux.

Je viens de présenter rapidement les
principales espèces d'arbres dignes, par
leur beauté remarquable, leur utilité générale, et leur plus longue durée, d'occuper les premiers rangs dans nos plantations forestières, de proclamer un jour
de leurs cimes élevées, leur alliance avec
le vaste océan, les régions du tonnerre,
et tous les éléments de la terre; les autres arbres du globe s'élèveroient ensuite
sous ce puissant rempart, pour compléter le tableau d'une grande majesté végétale.

C'est sur les crêtes de tous nos rameaux de montagnes, qu'il convient de

Ordre à suivre dans les boise-ments.

commencer par poser les colonnes de notre nouvel édifice végétal. Là doivent s'élever le colossal Laricio, le cèdre grave et imposant, accompagnés des beaux mélèzes, des fiers sapins et des pins dociles, pour annoncer aux nuages et aux vents étonnés, que leur règne fantastique doit enfin rentrer dans les premières limites assignées par la nature. Ces législateurs des météores suivront ensuite les hautes sommités, pour en relever par un vêtement éclatant, l'orgueil trop longtemps humilié... Arrivés devant les Puy-Dôme, les Monts-d'Or, les Mont-Cantal, les Monts de Lozère, de Gerbier, de Mezin et de Faucille, ils s'élanceront dans les airs, pour partager, avec les Mont-de-Gard, de Canigou, les Mont-Cénis, de Genève, les Mont-Blanc, le Saint-Bernard et le Saint-Godard, la région des neiges et des météores.

Lorsque ces grands arbres, d'une verdure perpétuelle, auront ceint nos bassins d'une écharpe impénétrable, et trompé ainsi jusqu'à l'attente des hivers, en nous enveloppant de leur immuable vêtement, ils ressusciteront les sources ensevelies, précipiteront le cours de nos ruisseaux, et relèveront le niveau des fleuves. Les campagnes alors moins livrées à l'influence des météores, regagneront leurs chaleurs, leurs températures premières; enfin ces arbres répandant par-tout le baume de leurs résines, diminueront dans nos demeures régénérées, les hideuses maladies enfantées par la corruption des eaux, de l'air, et les innombrables causes de notre négligence.

Au milieu et à la suite de ces grands régulateurs des éléments, se placeront le hêtre, le chêne, le châtaignier, le charme, le bouleau, l'orme et l'érable; et après avoir marié agréablement la fraîcheur

de leurs verts feuillages, avec ceux sé-
rieux, réfléchis, nuancés des premiers, et
prêté à ces hautes colonnes leurs brillants
piédestaux, ils descendront les revers
des montagnes, pour rafraîchir les ca-
vernes, rhabiller les vieux rochers, créer
et protéger de nouvelles sources, sur-
veiller les ruisseaux et les étangs, sourire
aux coteaux et aux plaines, rassurer les
vallons, et rapprocher enfin leurs riches
tributs des habitations.

Lorsqu'une fois ces grandes bases de
l'harmonie rurale et de l'économie animale seront assurées, alors les eaux, les
vents et la main de l'homme porteront
au sein de ces intéressantes forêts, les
nombreuses familles de génevriers, des
tilleuls, des marroniers et des peupliers;
des thuyas, des sicomores, des acacias,
des noyers et des noisetiers; des frênes,
des sorbiers, des aliziers, des trembles,
des saules et des aulnes; enfin tous les

arbres, arbustes et abrisseaux habitués à vivre en société, à varier, à nuancer, par leur port, leur feuillage, leurs fleurs et leurs fruits, les couleurs, les ombres et les reflets, destinés à retracer les bienfaits et les charmes du somptueux tableau que la nature avoit dans les premiers temps déployé sur la terre.

A cette haute ordonnance de notre architecture végétale, les nuages seroient répartis, maintenus aux régions qu'ils doivent occuper, et les pluies disséminées avec plus d'uniformité ; les ouragans modifiés et graduellement affoiblis ; les vents par-tout ramenés à un cours régulier. Le soleil, flatté d'avoir à éclairer un autre Eden, inclineroit obliquement ses doux rayons sur la terre, pour ne plus la dessécher et la brûler. Les hôtes des bois, aujourd'hui effarouchés, errants et en petit nombre, reviendront alors habiter leurs premiers berceaux régénérés, pour se

Effets heureux qui résulteroient du boisement des montagnes

multiplier. Les eaux de nos ruisseaux et de nos fleuves, plus fraîches, plus riches et plus constantes, verroient s'améliorer et se multiplier les légions de poissons. Les orages, la foudre et le tonnerre seront dominés et désarmés; nos troupeaux ombragés et nourris; les terres engraissées et fertilisées; nos ménages enfin approvisionnés et enrichis. Voilà ce que, dans le boisement de nos chaînes montagneuses, le créateur nous avoit donné, ce que nous avons perdu par les guerres et par une longue insouciance; voilà ce que nous devons de nouveau recréer, pour revenir à ces sentiments doux, grands et célestes, que la munificence de Dieu avoit imprimés dans l'ame de nos pères, et qui se sont effacés dans les nôtres, par la suite de ce majestueux tableau de tous les biens.

La France est encore affligée de l'aspect d'environ seize millions d'arpents de *landes*, de *friches*, de *marais* et de *bruyères*, qui, dans cet état de nullité s'élèvent à la *huitième* partie de sa surface, proportion énorme hélas! Espérons d'un Gouvernement sage et de sa vivifiante impulsion que ces terres seront bientôt tirées du néant, pour enrichir aussi la patrie d'utiles produits.

Une partie de ces espaces immenses perdus pour la production, à la honte de notre pays, a été naguère couverte de belles forêts, qui faisoient la richesse, l'ornement de ces contrées, et qu'il est de notre intérêt de remplacer; le reste qui, par son apparente aridité, semble condamné à rester stérile, n'attend également que la volonté de l'homme, pour fructifier sous sa main toute puissante.

La nature est souvent d'une force étonnante, là où elle paroît sous le voile de l'impuissance même; par-tout elle demande à produire, et nulle part elle ne

se plaît à languir dans un repos léthar-
gique. Si nous avons vu que les terres
médiocres, maigres et sablonneuses,
élancent majestueusement dans les airs
les plus grands arbres du globe; que le
beau, le précieux cocotier, pompe dans
les sables de la mer, ce lait exquis, que
ses noix volumineuses offrent aux délices des Indiens, que ne devons-nous pas
espérer de biens et de succès dans la
plantation de nos landes, de nos friches
et de nos bruyères, lorsque *seize millions* d'arpents de terres peuvent prendre une vie nouvelle, et nous offrir en
forêts les riches ressources que nous
avons perdues sur tous les points du
royaume.

Non seulement chacune de nos quarante mille communes, gagneroit dans
ses terres vagues, de fructueux et d'utiles
bosquets; mais les grandes, les tristes
bruyères de l'ancienne Bretagne, et les

vastes landes qui règnent sur un espace
de 75 lieues, depuis Bordeaux jusqu'à
Bayonne, prendroient une physionomie
vivante ; elles appeleroient avec de nouvelles habitations, les cultures indus-
trieuses au milieu de cette création de
nouveaux bocages, destinés à varier, à
embellir, à retracer encore les riantes
scènes de l'inépuisable nature.

Depuis la première publication de cet
ouvrage, où j'avois déja exprimé ce vœu
patriotique, l'administration des forêts
a fait semer dans les landes de Bordeaux
à Bayonne, environ vingt mille arpents
en pins, qui ont parfaitement réussi : ce
n'est pas encore le vingtième du vide
qui existe ; mais cette belle et utile opération, a tellement éveillé l'intérêt des
communes, qu'elles demandent toutes
aujourd'hui à boiser ces sables jugés stériles autrefois.

Le 6 novembre 1817, le Ministre de

l'intérieur, en rappelant les soins donnés par Henri IV, à l'agriculture du royaume, a appelé l'attention des Préfets, sur les terres à planter, à dessécher et à défricher : il a invité ces magistrats à en faire la reconnoissance exacte, et à prendre les avis des conseils généraux, sur les moyens de rendre ces terres à la production.

Nous pensons que si l'on faisoit aux communes l'abandon des seize millions d'arpents de landes, de garrigues, de bruyères, qui existent partiellement sur leurs bans-lieues, à la condition expresse de les semer, dans un *espace de six ans*, en bois de toute nature et en arbres fruitiers sur-tout, qu'il n'y a pas à douter que ces ruines modernes, qui contristent tous les regards, ne reçussent promptement un aspect riant et animé.

Belles et majestueuses forêts, douces et imposantes solitudes, qui protégez et nourrissez dans votre vaste enceinte des êtres innombrables; combien vous êtes vénérables aux yeux de l'homme qui, incliné à l'aspect de vos cimes superbes et de vos bases séculaires, ne voit dans tout ce qui vous anime et vous entoure, qu'une suite d'étonnantes merveilles..... Demeures hospitalières de nos premiers pères, qui, dans votre religieux silence, couvrez de vos riches voiles, et leurs cendres vénérées et les ruines de leurs antiques retraites... Berceaux sacrés de leur enfance, et des premières fractions du genre humain, qui imprimez l'éclat de votre majesté à la nature entière; qui, chargées de gouverner tous les éléments fructificateurs, savez faire tout croître, tout nourrir et tout embellir; qui, dès l'entrée même de vos silencieux asiles, portez déjà dans le cœur de l'homme qui vous aime et vous contemple, un baume consolateur; qui, le remplissant du spec-

tacle de votre grandeur solitaire, ne le
laissez sortir de vos paisibles sanctuaires,
qu'après lui avoir procuré l'oubli de ses
maux et la corruption des sociétés, c'est
vous pourtant causes fécondes de tous
les biens, que les peuples policés s'ef-
forcent dans leur aveuglement *d'effacer
de la terre*, pour priver le globe de son
plus brillant ornement, et tous les êtres
vivants de votre indispensable protection....

Par-tout on sent pour le bien de la société, la nécessité de diviser d'une manière inaltérable à l'avenir, l'usage des
bois en trois classes distinctes : la première, celle des bois résineux, destinés à
couronner les crêtes de nos montagnes,
pour régulariser le cours des météores,
pourroit sur nos quinze cents lieues de
chaînes montagneuses, offrir de distance
en distance, des réserves pour les constructions navales et civiles.

La seconde, se composant du hêtre, du châtaignier, du chêne, du noyer et des divers arbres fruitiers, dont il seroit si intéressant et si facile de composer les forêts nouvelles, doit avec la première, attribuée aux régions les plus élevées, concourir au système météorologique, à rétablir nos climatures, à recréer la fixité des saisons, la constance dans les récoltes, et un état sanitaire, propice à la vie de l'homme, si souvent altérée, abrégée même, par les transitions continuelles et rapides des températures opposées.

Ces deux classes de bois doivent être sacrées, en raison de leur utilité éminente; la cognée ne doit les atteindre qu'avec une sage réserve; leur conservation en masse, doit avoir une durée éternelle, comme les biens qui en doivent découler. Abandonner les débris des arbres malades, ou succombant à l'âge, ou brisés par les vents, aux familles indigentes, c'est l'usage le plus généreux qu'on en puisse faire, selon la volonté de Dieu; car la Providence bénit la main du Prince qui soutient l'humanité souffrante.

La troisième classe se composant des bois de bouleau, de charme, d'érable, d'orme, de tilleuls, de platanes, de sicomores, et des nombreuses variétés de bois blancs qui, n'offrant aucun fruit, semblent être indiqués par la nature elle-même, à remplir exclusivement tous les besoins des habitations; c'est parcequ'on n'a jamais fait une juste distinction dans l'usage des bois, qu'on a tout détruit pêle-mêle, et que nous avons à regretter aujourd'hui la perte des choses les plus utiles et de première nécessité.

Si l'on voyoit quelque part faucher constamment les blés, les seigles, les orges et les avoines, pour en faire simplement des fourrages, et les confondre avec les herbes des prairies, on trouveroit sûrement cet usage extravagant et d'une mauvaise prévoyance. Nous commettons cependant cette faute depuis des siècles, dans un ordre infiniment supérieur; les arbres nourriciers (dont nous pensons avoir fait sentir toute l'importance) n'ayant jamais été distingués dans les coupes, des simples *arbres à combustible*, on les a ignominieusement confondus et abattus, sans jamais songer à la différence de leur utilité, ni combien on s'appauvrissoit par ces aveugles destructions.

Nous avons démontré combien l'usage des bois, tenus en *taillis*, étoit contraire à l'harmonie rurale et à l'intérêt de la société; il seroit donc de la plus haute importance d'assurer par une loi irrévocable, aux *bois-forêts*, toute l'existence que leur avoit destinée la nature, pour le bonheur des hommes ; par cette mesure de prévoyance, les bois offriroient en moins de trente ans, non seulement une abondance perpétuelle de fruits ; mais ils doubleroient dès-lors et pour jamais les pâturages, qui seront toujours les sources les plus riches de la prospérité publique (1).

Si un paysage sans eaux est un palais de fées sans miroirs, on peut dire qu'une terre sans paysage, est un pays désenchanté. Les bois qui flattent et reposent si agréablement les yeux, et prêtent leurs beaux flots de verdure variée pour marier avec grace les couleurs brillantes du ciel avec les flots azurés des eaux, pré-

______

(1) Dans les chapitres suivants, nous ferons voir les ressources promptes en combustible, que les communes et les propriétaires peuvent trouver dans la plantation des fleuves, des rivières, de ruisseaux, des étangs, des marais, et sur les lizières des prés, en bois blancs et précoces.

sentent dans leur ensemble toutes les consonnances qui peuvent augmenter le charme et le bonheur de la vie.

C'est dans leur enceinte chaude et tranquille, que la terre se couvre en abondance de fruits délectables, qui ne viennent qu'avec effort dans nos jardins, en perdant une partie de leurs parfums. Les fleurs, les plantes odoriférantes et médicinales y croissent avec profusion et plus parfaites que par-tout ailleurs. Les bois étant par leur nature et leur agitation continuelle, les ventilateurs de la terre, en répandent l'aromate, et les vertus sanitaires par-tout où l'homme doit les respirer. Si l'on considère qu'une seule feuille de hêtre, de chêne ou de noyer, a plus de *cent mille pores*, pour aspirer et expirer l'air spongieux, chargé de vapeurs et d'émanations terrestres, on pourra se former une idée de l'influence que les arbres peuvent en grande masse exercer par leur succion et leur transpiration sur l'économie animale.

L'abeille, que la nature a chargée de nous pomper le miel, des nectaires et des glandes nectarées des fleurs, se plaît particulièrement dans le séjour tempéré et paisible des forêts, où, trouvant toujours les premières et les plus riches provisions préparées, elle se multiplie en raison de l'abondance de ses récoltes, dispute aux oiseaux tous les creux des arbres, et semble y déposer pour nous son délicieux superflu.

Aussi voit-on dans les grandes forêts de l'Allemagne, des ruchers de mille et deux mille ruches, qui sont de grands objets de revenu : nous n'avons encore qu'imité foiblement cette grande et louable industrie ; car nous sommes encore réduit pour confectionner les belles bougies de Paris, à en chercher la cire jusqu'en *Ukraine*, comme nous cherchons le miel en Afrique, c'est-à-dire chez les peuples pasteurs.

Si une fois nos bois occupoient la portion du domaine qu'il est indispensable de leur rendre, pour la conservation de tous les autres biens de la terre, ils pourroient offrir le miel et la cire dans la plus grande abondance; le pauvre, ne pouvant dans ses besoins atteindre le prix du miel marchand, seroit sûr de trouver sa provision dans le creux de quelque vieux chêne. J'ai été quelquefois témoin de ces joies de familles pauvres, à la découverte d'une ruche foraine; on ne sauroit rendre l'allégresse des enfants à la vue d'un rayon de miel, qu'ils dévoroient avec la cire comme un mets de délices, comme la manne du ciel....

Les forêts ont toujours en une grande part dans le bonheur de l'enfance et de la jeunesse; le printemps, l'été et l'automne les y attirent par des attraits irrésistibles. Ils y viennent d'abord avec leurs petits agneaux ou leurs chevreaux bondissants, et y trouvent suivant ces trois heureuses saisons, la bonne limonade du bouleau, dont les rameaux servent comme ceux des saules à faire les premiers pipeaux ; puis ce sont des nids à chercher, et d'innocentes familles à capturer ; des écureuils à poursuivre d'arbre en arbre, et qui se jouent de leur crédule légèreté ; tantôt c'est une terre tapissée de primevères, de violettes, de muguets, et des premières fleurs printanières, auxquelles succèdent les riches magasins des fraises et des framboises parfumées ; ensuite la brimbelle noire et la mûre succulente. Plus tard vient la moisson des noisettes et des fruits sauvages de toute espèce, qui sont là meilleurs que les ananas de nos serres ; enfin les tendues et les pipées d'oiseaux terminent cette succession de plaisirs variés.

Ces scènes des plus douces jouissances du premier âge, qui s'enchaînent et se diversifient depuis l'ouverture du printemps jusqu'à la fin de l'automne entretiennent la gaieté de l'enfance, son bonheur et sa santé. Ces aimables souvenirs des premiers, des plus grands plaisirs du jeune âge, me sont encore chers ! et partout où, par la destruction des bois, la jeunesse est sevrée de ces doux amusements, j'ai constamment observé que les physionomies étoient moins épanouies et moins riantes.

Les cimes des hautes forêts élèvent aussi les regards et l'ame vers les cieux. Si l'on voyoit cette belle et longue chaîne des Pyrénées, élevée de *huit à dix mille pieds* au-dessus des deux mers, qu'elle touche à ses extrémités, couronnée de nouveau de hauts arbres toujours verts, elle présenteroit le spectacle magique d'une forêt aérienne, d'un vaste temple réédifié, qui étendroit avec majesté, son ombre sur les sinuosités de ses profonds vallons, et ses bienfaisantes influences jusqu'aux plaines éloignées... Toutes nos montagnes demandent à échanger leur nudité contre ce vêtement de fructueuse magnificence, que leur avoit donné la création, et à produire de nouvelles perspectives pittoresques et romantiques.

Bruit des arbres

Si les arbres, en petites masses, ont la vertu harmonique d'imiter dans leur bruissement le murmure et la chute des eaux, de grandes forêts élevées dans les airs, destinées à briser les plus forts vents, rendent aussi, dans leurs ondulations graves et uniformes, le roulement imposant des vagues de la mer. C'est dans un état de grand boisement, où tous les éléments ont une langue pour rendre les mystères de la nature, qu'on entend dans l'air, sur les eaux, au sein des rochers, des voix qui appellent et des voix qui ré-

pondent... C'est à cette époque heureuse,
et lorsque les vents seroient devenus plus
réguliers, que des harpes éoliennes, suspendues aux cèdres de nos montagnes,
comme aux rochers de leurs profondes
anfractuosités, pourroient faire répéter
harmonieusement aux échos la renais-
sance d'une seconde création.

On peut dire d'une forêt, autant de
feuilles, autant de voix différentes, tant
les sons se réfléchissent et se multiplient
sous ces voûtes sonores de verdure. Parmi toutes les scènes vivantes qui nous
ravissent à chaque pas dans ces asiles,
où les sensations sont toutes différentes
de celles qu'on éprouve en rase campagne, la plus imposante est celle des météores électriques.

Dès que le bruit du tonnerre commence à s'y faire entendre, le chant des
oiseaux cesse ; un profond silence succède à la joie universelle ; on semble être

Effet du
tonnerre
dans les
bois.

tout-à-coup isolé dans le monde; on n'entend, on ne voit plus que la foible vibration des feuilles des arbres : on diroit que toute la nature retient sa voix, pour entendre dans l'effroi cette voix retentissante, qui fait taire toutes les autres. Nulle part le tonnerre n'a une aussi grande résonnance que dans une forêt : ses roulements prolongés et long-temps répétés de la manière la plus imposante, excitent une impression profondément religieuse. Chaque commotion produit une secousse générale sur tout le feuillage; on sent là qu'à cette voix éternelle du Mont-Sinaï, et d'un effet au-dessus de toute expression, toute la nature est ébranlée et suppliante aux pieds d'une de ces grandes puissances du Seigneur.

Forêts considérés comme forteresses.

Nous avons vu que les forêts des Gaules ont, autant que les armes de nos ancêtres, retardé les conquêtes des Romains. C'étoit un immense labyrinthe, où cha-

que gorge, chaque colline, chaque chaîne
de montagnes, formoit une barrière impénétrable, qui exigeoit l'emploi de la
cognée et du feu, avant que l'épée ne
puisse trouver jour aux combats. Si dès
lors le pays se fût trouvé nu et ouvert
comme aujourd'hui, toute la population
eût passé sous le joug, ou été exterminée
en peu d'années, tandis que ces vastes
forteresses végétales ont non seulement
servi de refuge aux vieillards, aux femmes et aux enfants, mais ont encore exigé
malgré la supériorité de la tactique ro-
maine, plus d'un siècle de sanglants combats, avant que ces ambitieux conquérants pussent régner paisiblement dans
les Gaules.

Les Maures, qui à leur tour voulurent
régner à tous prix, sur les beaux et for-
tunés climats de l'Espagne, n'ont pas
trouvé de moyen plus prompt de conquête, et de conservation plus sûre, con-

tre les attaques et les surprises, que de détruire généralement tous les bois. Ils ont, on peut dire, rasé cette terre de parfums et de prédilection. Cette plaie plus profonde et plus funeste que celle des armes même, n'a pas été cicatrisée, et saigne encore aujourd'hui en Espagne.

Cette belle et ancienne *Bétique*, le véritable jardin des Hespérides aux pommes d'or, visitée dans les temps les plus reculés, par les Phéniciens, recherchée par les Carthaginois, convoitée et disputée par les Romains, a perdu comme la gracieuse *Lusitanie*, ses odoriférantes forêts d'orangers, de citronniers, de limoniers, dont les arbres, d'une éternelle verdure et d'une suave fraîcheur, produisent à-la-fois et des fleurs et des fruits. Ici la terre étoit un bocage continu de parfums et de délices pastorales; mais le charme de la vie y a été détruit comme

par-tout ailleurs par les guerres.... Le
Tage, le Douro, le Guadalquivir, l'Ébre
et la Guadiana, qui épanchent lentement
leurs ondes, souvent intermittentes, entre des rives désolées, redemandent les
sources qu'ils avoient aux beaux âges du
monde, et ces brillants rideaux de lauriers, de myrtes, de figuiers, de peupliers
et de chênes toujours verts, qui les om-
brageoient jadis dans tout leur cours.

Espérons que les deux sages souverains
qui régnent sur ces beaux climats, et qui
ne rêvent que le bonheur de leurs sujets,
rajeûniront cette terre qui, par sa rare
position, peut être comparée à ce que
l'Inde, le Brésil, le Mexique et le Pérou,
offrent de mieux favorisé par les regards
du soleil.

Les Hollandois établis au cap de Bonne-
Espérance, redoutant le voisinage des
Hottentots, qui tenoient à leur terre na-
tale, se sont crus obligés, pour leur re-

pos, de détruire tous les bois des environs : ils ont en formant un désert de trente lieues dans les terres, forcé les indigènes à vivre derrière cet espace voué à la stérilité.

M. de Bonald a eu raison de dire, en combattant les projets de ventes de bois domaniaux, que c'étoit faciliter l'envahissement de la France, et appeler les conquérants sur notre sol, en faisant tomber ces redoutables boulevards de notre défense.

Voici un fait que cite à ce sujet M. de La Bergerie : «Dans la première inva-«sion, les officiers supérieurs des armées «alliées mettoient un grand prix à pos-«séder les feuilles de la carte de Cassini ; «quelques uns même en ont fait l'objet «de *leurs réquisitions de guerre*, afin de «bien connoître où ils auroient à se diri-«ger : l'un d'eux, en Bourgogne, reçoit «un ordre; il consulte sa carte; il voit sur

« son chemin deux bois à traverser ; pour
« les éviter il fait seize lieues de plus, et
« ces deux bois n'existoient plus que sur
« la carte.... »

Lors de la seconde invasion, une poignée de François, partie à cheval, partie à pied, qui ne s'est jamais élevée dans son ensemble à trois cents hommes (1), s'étoit embusquée dans les bois qui règnent le long des Vosges. Cette petite troupe, voltigeant par-tout, invisible quand elle le vouloit, se montrant comme un éclair sur tous les points où on ne la supposoit pas, étoit parvenue, en se

(1) On ne juge point ici l'esprit qui peut les avoir armés : peut-être les a-t-on mal jugés : s'ils ont eu le courage de défendre la terre natale, contre de formidables armées, en voyant leur Roi, ils auroient versé leur sang avec un héroïque dévouement pour la cause de nos Princes, comme cela aura toujours lieu : on tend seulement à faire voir ici de quelle importance sont les bois pour la défense d'un pays.

multipliant ainsi, à harceler, à fatiguer à un tel point la marche des différents corps d'armée, qu'on se décida à détacher *vingt-sept régiments* pour la cerner et la détruire. Mais comme ni l'artillerie ni la cavalerie ne pouvoient pénétrer dans les bois, et encore bien moins gravir les rochers des montagnes, qu'une infanterie, pesamment armée, avoit une marche lourde, et risquoit de manquer de vivres dans le désert des bois, où elle se trouvoit d'ailleurs toujours attaquée d'une manière invisible, on ne put jamais parvenir à atteindre ce but.

Enfin cette petite troupe, aidée, alimentée et éclairée par les habitants du pays, prit un caractère tellement formidable, qu'on la supposa former un corps de *dix à douze mille hommes* (1), et on

(1) Le rapport en fut fait en ce sens au général *Sabanieff*.

traita de la paix avec les chefs que l'on réunit à Sarrebourg : après la signature du traité, les officiers-généraux étrangers desirèrent voir le corps qui étoit l'objet de cette singulière conclusion, et qui avoit si sérieusement inquiété les passages des troupes, des estaffettes, etc.; mais ils furent frappés de surprise et d'étonnement en ne voyant qu'environ cent quatre-vingts hommes, armés comme d'autres Robinsons, de toutes pièces, et une vingtaine d'officiers qui les commandoient.... Cette affaire fit une telle impression qu'on réunit une seconde fois ces officiers à Sarrebourg, pour leur offrir des grades supérieurs dans d'autres pays; mais le Roi ayant rapporté la paix en France, ils préférèrent à cette offre, qui étoit un hommage rendu à leur bravoure, le bonheur de servir leur prince et leur pays.

Il est certain que telles nombreuses.

telles formidables que puissent être des armées envahissantes, leur perte sera toujours infaillible si , au lieu de leur opposer des corps d'armée et de livrer des batailles, on divisoit les forces nationales en une infinité de petits corps, voltigeant, se réunissant, se divisant avec rapidité, pour attaquer sans cesse l'ennemi sur tous les points, de jour et de nuit, lui enlevant à tout instant les vivres, les munitions, les ordonnances, les estaffettes; et s'occupant sans relâche à harceler, à détruire en détail les corps ennemis; il n'y a pas de doute qu'avec la force morale et héroïque que donne la défense de ses propres foyers, et cette tactique qui multiplie les attaques et en rend les moyens presque invisibles, ne soient capables d'amener la destruction des armées les plus fortes : elle seroit d'autant plus sûre et plus rapide que les armées ennemies se présenteroient en plus grand

nombre, parcequ'à l'aide de mille évolu-
tions, que les défenseurs dirigeroient de
toute part avec intelligence, elles pourroient en moins de six mois, se trouver
réduites à manquer de tout et à poser
les armes.

Je considère donc un pays montagneux, *bien boisé sur-tout* (car ces forteresses végétales sont indispensables),
et defendu par une nation valeureuse,
comme ne pouvant être hostilement occupé pendant une durée seulement de
deux ans (1).

Nos campagnes militaires, et les dernières sur-tout, ont fourni la preuve que
l'on pouvoit envahir de grands états sans
avoir à s'embarrasser de leurs forteresses,
qui sont pour les pays où elles se trou-

---

(1) Ces derniers temps ont démontré, dans différentes contrées de l'Europe, combien cette opinion est fondée.

vent situées, des fléaux qui menacent sans cesse le présent et l'avenir : je dis des fléaux ; car dans le cas d'une attaque, l'assiégé est obligé s'il a le temps, d'épuiser et de ruiner pour sa défense, tout le voisinage de la place ; l'assiégeant, qui à son tour s'inquiète encore bien moins du pays qu'il occupe, finit par porter à son comble la ruine de toute la contrée.

Le système des corps d'armées, et celui de décider du sort des peuples par les batailles, ne sont également que des systèmes de boucheries épouvantables, qui révoltent l'humanité et la religion. Les *forteresses* et les *armées permanentes*, qui ruinent les Gouvernements et les nations, en ravissant inutilement les plus précieuses ressources du bonheur social, seront bientôt pesées dans cette nouvelle réunion de souverains, que la religion, la sagesse et la bonté vont assembler encore, dans la vue magnanime d'améliorer la destinée des peuples confiés à leurs soins paternels. D'après les pensées élevées et les lumières qui distinguent les princes, on se plaît à augurer qu'il sortira de cet auguste aréopage un pacte d'union et de paix universelle, par conséquent une entière renonciation à tout envahissement, et à l'entretien des armées permanentes, qui ont toujours été les fléaux et la ruine des États; car dès qu'il n'y a plus de facilité à entreprendre des guerres, elles deviennent plus difficiles et plus rares.

Si les plus précieux trésors des peuples ont été employés jusqu'à présent à ravager la terre, espérons de la sagesse et de la volonté visibles des souverains, qu'ils fermeront dans leur magnanimité, la source de ces calamités, et que l'emploi des tributs du pauvre de la chaumière servira à diminuer son indigence... Cette radieuse époque ouvre les cœurs aux espérances les plus flatteuses.

Tous les États de l'Europe ayant aujourd'hui des constitutions militaires, qui confèrent aux propriétaires, et à tous les hommes en âge de porter les armes, le soin de défendre le trône de leurs souverains et leurs foyers, les corps permanents deviennent inutiles, et comme il faudroit l'exaltation d'une haine nationale (ce qui est aujourd'hui dans les suppositions inadmissibles) pour déterminer une guerre, il est à présumer qu'une longue paix laissera reposer et prospérer les peuples (1).

Bel effet des vapeurs

Revenons aux bienfaits des forêts, et disons que plus une végétation est riche, plus les rosées et les émanations sont abondantes. Les bois, qui répandent leur inimitable majesté dans le vaste

____

(1) Ceci se trouve écrit depuis le mois d'avril.

temple de la nature, concourent aussi à embellir la voûte céleste, par l'abondance des fluides qui s'en échappent, ainsi que de l'immensité de végétaux qui vivent dans leur chaude enceinte. Le ciel, toujours plus vaporeux le soir que le matin, se nuance de différents tons de lumière, et offre le spectacle d'accidents heureux et variés. C'est aux simples prismes des vapeurs de l'eau, mêlés avec les différents fluides qui s'élèvent de la terre, que l'atmosphère doit les riches couleurs et les belles formes des nuages, qui décorent les cieux de ces éclatantes draperies d'or, de pourpre, d'oranger, d'azur et d'émeraude, qui flattent tant nos regards. Ces voiles célestes sont d'autant plus riches et plus répétés, qu'il y a plus de forêts et de chaleur sur la terre.

Si les brillantes coupoles de glaces des pôles et celles de nos hautes montagnes produisent, par le jeu des reflections et à l'aide du miroir des eaux, ces parélies qui multiplient souvent les soleils factices, au grand étonnement de l'homme, pour varier les tableaux du spectacle de l'univers, une riche végétation offre aussi son optique céleste dans les perspectives aériennes : car les nuages peuvent quelquefois être considérés comme les miroirs de la terre, et refléter des paysages et des objets terrestres, tels qu'on semble quelquefois en voir dessinés confusément dans le ciel. Les eaux peuvent d'abord les réfléchir, et les nuages, lorsqu'ils sont spéculairement condensés, les refléter à nos yeux, et les représenter renversés, ou en des formes irrégulières, et accompagnés de vibrations qu'on explique facilement par l'agitation de l'air et des eaux.

Les anciens *Calédoniens,* qui croyoient voir les ombres de leurs pères parcourir les airs au bruissement harmonieux des météores, avoient surement remarqué dans les nuages des formes analogues, comme on y voit souvent aussi des panoramas réels de la terre, et dont les images sont d'autant plus belles, que les objets reflétés ont eux-mêmes plus de beauté et de variété. Voici un fait que rapporte Bernardin de Saint-Pierre, sur ce mécanisme magique des perpectives aériennes.

«Un phénomène très singulier m'a été «raconté par notre célèbre peintre Ver-«net, mon ami. Étant dans sa jeunesse «en Italie, il se livroit particulièrement «à l'étude du ciel, plus intéressante sans «doute que celle de l'antique, puisque «c'est des sources de la lumière que par-«tent les couleurs et les perspectives «aériennes, qui font le charme des ta-«bleaux ainsi que de la nature. Vernet, «pour en fixer les variations, avoit ima-«giné de peindre sur les feuillets d'un

«livre les nuances de chaque couleur
«principale, et de les marquer de diffé-
«rents numéros. Lorsqu'il dessinoit un
«ciel, après avoir esquissé les plans et
«les formes des nuages, il en notoit ra-
«pidement les teintes fugitives sur son
«tableau, avec des chiffres correspon-
«dants de ceux de son livre, et il les co-
«loroit ensuite à loisir.

*Ville réflé-
chie dans
le ciel.*

    «Un jour il fut bien surpris d'aperce-
«voir dans les cieux la forme d'une ville
«renversée; il en distinguoit parfaite-
«ment les clochers, les tours, les maisons.
«Il se hâta de dessiner ce phénomène; et,
«résolu d'en connoître la cause, il s'ache-
«mina, suivant le même rumb de vent,
«dans les montagnes; mais quelle fut sa
«surprise de trouver, à sept lieues de là,
«la ville dont il avoit vu le spectre dans
«dans les cieux, et dont il avoit le dessin
«dans son portefeuille!»

    La réflexion d'une ville observée dans

les airs par Vernet, n'a rien de plus extraordinaire que le phénomène du détroit de Sicile, près de Messine. Il y est connu sous le nom de *Fée-Morgane*. Tous les voyageurs qui ont été dans cette partie de l'île, en parlent avec étonnement. Voici ce qu'en dit Brydonne dans son voyage en Sicile :

« Les anciens et les modernes remar-
« quent souvent que, dans la chaleur de
« l'été, après que la mer et l'air ont été
« agités par les vents, et qu'un calme par-
« fait succède, on voit, à la pointe du jour,
« dans cette partie du ciel qui est sur le
« détroit, différentes formes singulières:
« quelques-unes sont en repos, et d'au-
« tres se meuvent avec beaucoup de vi-
« tesse; à mesure que la lumière aug-
« mente, elles semblent devenir plus
« aériennes, jusqu'à ce qu'enfin elles dis-
« paroissent entièrement un peu avant le
« lever du soleil.

Fée-Morgane.

25.

« Les auteurs siciliens parlent de ce
« phénomène comme du plus beau spec-
« tacle de la nature. Léanti, un de leurs
« meilleurs écrivains, est venu ici pour le
« voir. Il dit que les cieux paroissoient
« remplis d'un grand nombre de *palais,*
« de *bois,* de *jardins...* que des figures
« d'hommes et d'animaux sembloient être
« en mouvement au milieu de cette scène
« magnifique...»

Ces réfractions peuvent avoir leurs
causes aux plus grandes distances, suivant les objets qui les produisent, la température des lieux et les vents qui règnent. Si les lumières boréales qui ont
leur foyer au pôle, se refrangent dans le
ciel sur un méridien de plus de mille
lieues de rayon, et qui représentent peut-
être toutes les scènes vivantes qui se passent sur les rivages brumeux de la mer
Glaciale; ces phénomènes aériens n'ont
d'extraordinaire que le peu d'attention

que l'homme prête à toute la magie que
la nature emploie pour le charmer.

Les feuilles publiques ont parlé, en
avril dernier, d'un phénomène également aérien qui a été observé en Écosse.
On a remarqué dans les nuages un
homme à cheval, long-temps poursuivi
et attaqué par un aigle; enfin on finit
par voir le cavalier tomber de cheval et
succomber à cette lutte. Étoit-ce une
vision, étoit-ce une réalité? Tout ce que
nous savons, c'est que rien n'est impossible, et qu'il se passe autour de nous
mille phénomènes mystérieux, que nous
ne remarquons pas. Mais dans quel pays
cette scène réfléchie dans le ciel s'est-elle
passée en réalité? C'est ce que le rumb
de vent régnant auroit pu indiquer peut-
être.

Nous avons déja fait entrevoir la facilité de rétablir les anciennes constitutions atmosphériques des différentes

contrées de l'Europe ; la possibilité même d'augmenter à volonté la chaleur et
la constance des climatures par des boisemens raisonnés. Les pays septentrionaux, si intéressés dans cette grande
cause de la physique végétale, pourroient
dans beaucoup de situations, gagner les
températures de l'Italie, comme les pays
du midi la fraîcheur de l'air et la fécondité qui leur manquent aujourd'hui.

La ville de Saint-Pétersbourg qui menace dans son accroissement d'épuiser
ses forêts environnantes, et qui est à son
tour menacée d'éprouver successivement
des froids plus grands, par la destruction des barrières, qui l'abritent contre
les âpres influences de la mer Glaciale,
pourroit adoucir sa température, à un
degré inconnu, si toute la *Carélie* et
toutes les rives du lac Ladoga, étoient
plantées en bois résineux et en *cèdres*
sur-tout, qui viendroient dans ces roches

spéculaires, aussi bien que l'oranger sur les rochers calcaires de l'île de Malte.

Les plus belles créations végétales sont réservées au vaste empire de la Russie; déja le Stepp cesse d'être inhabité aux environs de la mer Noire (1); des villages populeux commencent à interrompre son immense solitude. La nature présente là les plus vastes espaces à la vie de la civilisation, un sol redevenu vierge par un long repos, s'offre depuis les bords de la mer Baltique jusqu'aux rivages lointains du Kamchatka, à se parer des gracieux paysages, de tous les arbres réu-

---

(1) Là vivront à jamais les noms de *Richelieu* et de *Langeron*.... C'est là que la noble confiance de deux Monarques, honorant dans deux illustres François, le malheur, le mérite et la vertu, a porté, avec une libéralité vraiment royale, la vie, le mouvement et le bonheur, dans des contrées où régnoit naguère le silence des déserts.

nis de la terre, et à y appeler leurs nombreuses tribus d'animaux et d'oiseaux
pour les orner et les vivifier.

Un seul mot de ce Prince magnanime,
qui règne avec tant de pensées élevées et
de solides vertus, sur cette grande portion de la terre, pourroit y multiplier les
belles vallées de *Cachemire*, et y réaliser les plus doux climats de la Perse, de
la Syrie et de la Géorgie.... rétablir l'œuvre de Dieu, en multipliant les bienfaits
de la nature, c'est le plus beau triomphe
de la sagesse humaine, seule conquête
digne de tous les Princes de la terre,
parceque les échos de la reconnoissance,
se transmettent de cœur en cœur à toutes
les générations, et que les bénédictions
des hommes sollicitent celles du ciel,
pour les souverains, qui s'attachent au
bonheur des peuples dont ils ont à régir
la destinée.

La suite et l'ensemble de cet ouvrage,

feront peut-être voir que la terre tient
encore en réserve d'innombrables éléments de productions, et que plus d'un
vieux rocher du premier âge, ne demande qu'à être touché de la baguette
de Moïse, pour faire jaillir de nouvelles
sources de bonheur sur le vaste domaine
de l'homme. Si l'on daigne faire attention combien la classe ouvrière, sur-tout
celle si laborieuse des campagnes, a besoin de peu pour être heureuse, on verra
avec quelle facilité il seroit possible de
porter le contentement dans toutes les
populations.

Assurer d'une manière inaltérable à
chaque famille, les laitages, l'huile, le
lard, les fruits et les légumes, tout en
embellissant et assainissant les habitations, forme l'objet principal de ce travail, qui tend à offrir les preuves de la
possibilité qu'ont tous les Gouvernements de réaliser ces germes féconds de

félicité générale.... la moitié de la population use une partie de sa vie par des travaux forcés ; l'insuffisance des aliments, les larmes, les maladies et le désespoir, enfants de la misère, en abrègent l'autre partie.... La Providence est heureusement éternelle dans sa bonté comme dans sa prévoyance ; elle remplira le cœur des souverains, de pensées généreuses, qui se répandront comme des fleuves de consolation sur la terre.

TABLEAU DU SIXIÈME CHAPITRE.

Dans ce tableau, qui sera entier, on représentera plusieurs routes spacieuses, traçant leurs sinuosités à travers les campagnes, montant et descendant des collines; la variété des arbres très serrés leur donnera l'air d'un bosquet continu.

Aux bords des villes, on distinguera le tilleul, ensuite le marronier, le châtaignier, le grand mûrier à fruit, et le mûrier destiné aux vers à soie; dans le fond des vallons, les peupliers et le saule de la grande espèce, s'élèveront au niveau des collines.

D'un côté, on verra cueillir des marrons et des châtaignes, et de l'autre des voyageurs se reposant à l'ombre, et se délectant avec des mûres. Plus loin, on verra de jeunes filles cueillir les feuilles du mûrier pour les vers à soie.

Pour varier le tableau, on représentera d'autres routes, plantées en sapins, en pins, mélèzes et cyprès : toutes seront couvertes de voitures et de voyageurs marchant sous les ombrages.

On lira au bas :

Grandes routes considérées comme monuments publics.

CHAPITRE VI.

Plantation des grandes routes considérées comme monuments publics; arbres fructueux dont l'intérêt public commande de les orner.

Il entre dans l'esprit d'un bon Gouvernement de ne voir qu'une chose, qui est le mieux possible : tout ce qui doit porter un caractère national, tend, par une heureuse ascension, vers ce but unique de la réunion de ce qu'il y a de plus beau à ce qu'il y a de plus utile.

La France, en écartant pour long-temps les désastreux fléaux de la guerre, va voir se rouvrir pour elle les riches sources du commerce et de la prospérité publique : les grandes routes, les ports, les rivières et les canaux navigables, vont devenir incessamment l'objet de la sollicitude spéciale du Gouvernement, et recevoir l'application des moyens de perfectionnement qui leur sont propres.

Les Romains, qui, aux belles époques de leur histoire, ont été grands dans toutes leurs conceptions, avoient en construisant leurs voies publiques, le double soin de soulager le voyageur et de récréer sa vue par un ensemble de formes avantageuses et élégantes. Les routes, ornées d'arbres appropriés aux sites, comme le veut la nature, offrent à l'État des ressources en bois; aux voyageurs, outre de frais et agréables ombrages, l'aspect d'une belle floraison, et la jouissance de certains fruits; aux campagnes un noble ornement; aux villes des promenades, et à l'air des éléments de salubrité (1).

____

(1) La publication de mon *Harmonie-Hydro-Végétale*, en 1802, a donné lieu au décret qui

Nos routes, généralement belles, ne présentent cependant encore, pour la plupart, que le vide et la nudité dans leurs formes gracieuses. Vingt millions de pieds d'arbres, qui équivalent à une forêt de cent mille arpents, ou de douze cents arpents par département, et qui restent à planter le long de leurs bords, traceroient à travers les terres des sinuosités fraîches et verdoyantes.

Le tilleul, le maronnier, le châtaignier, l'orme, le saule, le noyer, le peuplier et le mûrier, semblent de préférence leur convenir.

---

ordonne la plantation générale des routes, ainsi que des voies rurales ou pastorales, en arbres fruitiers sur-tout : beaucoup de belles plantations ont été faites depuis dans ce sens, et les pépinières particulières se sont multipliées dans la proportion des besoins.

TILLEUL (1).

Rien n'est indifférent pour l'homme dans ce monde : ses sensations sont puisées dans l'essence même ou dans le caractère des objets qui le frappent. Les monuments de la nature, comme ceux des arts, font sur nous des impressions différentes : leur vue répand dans l'ame le sentiment de la fierté, celui d'une voluptueuse mélancolie ou d'une douce sérénité. Le plaisir pur, qui est l'élément du bonheur, doit être sans cesse le but de la recherche que nous faisons dans les objets qui doivent nous entourer : il convient donc de faire parmi les arbres,

---

(1) Le tilleul de Fribourg, qui date de 1472, époque de la fameuse bataille de Morat, a beaucoup souffert de l'ouragan du 8 mars 1818 ; il n'offre plus, écrit-on, que l'aspect d'une ruine imposante. après 346 ans d'existence.

un choix tel que, dans leur port, leur
feuillage, leur floraison, et enfin dans
leur emploi, nous puissions trouver toujours l'idée d'une agréable convenance.

Le tilleul orne beaucoup de belles promenades; mais, par-tout où il est victime
du ciseau du jardinier, il ne présente plus
que l'agrément du caprice : c'est au pied
des calvaires, à l'entrée des cimetières,
et sur-tout à celles des chapelles solitaires, qu'il faut voir à quelle religieuse
majesté il peut s'élever; c'est dans ces
silencieux asiles de la piété que sa haute
cime annonce au loin, dont les vastes
branches forment le porche et le fron-
tispice, qu'il révèle, à tous ceux dont
l'ame est ouverte au sentiment, la présence de la divinité; graces à cette impression imposante, une religieuse méditation s'empare de nos sens, et les
accompagne long-temps de l'idée d'une
riante immortalité.

Le cèdre majestueux, qui devoit annoncer la présence des temples dédiés à l'Éternel, comme les funèbres cyprès devoient orner nos cimetières, se trouvent remplacés dans nos climats par le silencieux et religieux tilleul. Il fait encore l'ornement de beaucoup de fontaines et de places publiques de villages, où les anciens se plaisoient, soit à tenir leurs conseils, soit à recevoir les hommages de leur postérité. Par-tout où l'on trouve encore d'anciennes allées de cet arbre, on s'y sent entraîné à une douce et mélancolique méditation, à laquelle on ne renonce qu'à regret en s'éloignant de ces monuments champêtres.

Le tilleul, qu'on a vu s'élever jusqu'à quatre-vingt-dix pieds de hauteur, et prendre un tronc de quarante pieds de contour, seroit donc l'arbre qui conviendroit le plus sur les routes qui avoisinent les villes, les bourgs et les villages : il

offriroit aux habitants fatigués des travaux de la journée, une promenade qui
les délasseroit; à la jeunesse le lieu de
ses ébats, de ses amitiés et de ses confi-
dences; à l'époque de sa floraison les
habitations seroient assainies, et le nombre des maladies diminué, ainsi que leur
intensité; l'attraction qu'il exerce autour
de lui neutraliseroit les vapeurs de tous
les genres qui émanent d'une population accumulée; et ses feuilles présenteroient une ressource pour le bétail.

Il y a peu de forêts qui ne renferment
cet arbre; on en connoît neuf espèces
différentes : ceux de Hollande, de Mont-
bard, des environs de Bâle, et celui que
nous avons reçu du Canada, sont les
plus beaux : on les cultive facilement
dans toutes les terres. On obtient le
tilleul de graines, de rejetons, de boutures; il vient sur-tout très facilement au
moyen de branches couchées. Il se laisse

transplanter lorsqu'il a déja un pied de diamètre; commence à être dans sa force à vingt ans. Son bois est employé par les charrons, les menuisiers, les carrossiers, les tourneurs, les ébénistes, les graveurs en bois et les sculpteurs; il n'est sujet ni à la vermoulure ni à se gercer; son charbon est le meilleur pour faire la poudre à canon; ses fleurs sont estimées en médecine, et ses feuilles une des meilleures nourritures pour le gros bétail.

MARRONIER.

Le beau marronier des Indes nous vient originairement de Constantinople. Depuis cent soixante ans que nous le possédons, il s'est naturalisé dans nos climats, sans être pourtant aussi généralement répandu qu'il le mérite et qu'il seroit à souhaiter. Ce bel arbre, qui est d'une riche et brillante stature, s'élève sur une ligne droite jusqu'à soixante pieds de hauteur, où la flèche forme avec sa base large et étendue, une pyramide d'autant plus gracieuse que ses branches régulièrement ramifiées, sont chargées d'un épais feuillage, dont les lobes élégants montrent avec grace les plus jolies formes digitales.

Aux premières chaleurs du printemps ses feuilles s'empressent d'offrir leur riante verdure à nos regards flattés de la retrouver; et dès le mois d'avril, lorsque la plupart des autres arbres s'éveillent à peine de leur long sommeil, toutes les branches du marronier se chargent déja avec profusion de belles grappes de fleurs pyramidales, dont les corolles nuancées se détachent parfaitement sur le fonds vert qu'elles émaillent.

Le marronier, dont la somptueuse floraison cesse lorsque celle du tilleul commence, seroit convenablement entremêlé avec lui.

La chèvre, la vache, le bœuf, le porc, le cheval et la volaille, recherchent avec avidité le marron cru; tous y gagnent du lait, de la chair, du lard et de la graisse; mais ce fruit réduit en pâte et dépouillé de son amertume, auroit bien plus de vertu : il pourroit comme celui du hêtre, du chêne, du châtaignier et du pin, offrir une riche ressource à nos étables et à nos basse-cours. On en a déja fait du très bel amidon, de la poudre à poudrer, et sur-tout de l'huile à brûler : un seul marron peut servir de lampe de nuit; il ne s'agit que de le peler, le percer, le sécher et le faire tremper pendant vingt-quatre heures dans une huile quelconque, y passer ensuite une mêche, et le mettre dans un vase d'eau : on est assuré en l'allumant le soir, d'avoir de la lumière jusqu'au jour.

On connoît quatre variétés du marronier d'Inde; mais qui ne s'élevant pas à beaucoup près à la même hauteur, conviennent plus aux bosquets qu'à l'ornement de nos routes et de nos promenades. Tous viennent facilement, soit de branches couchées, soit par la greffe en approche, ou en écusson sur le premier. Les arbres qu'on élève de semence, poussant plus vite, sont plus beaux, plus grands, et donnent plus de fleurs et de fruits que ceux que l'on élève des deux autres manières.

Le bois du marronier, quoique blanc, tendre et filandreux, sert aux menuisiers, aux tourneurs, aux boisseliers, aux sculpteurs, même aux ébénistes. Il n'est sujet à aucune vermoulure; il reçoit un beau poli, prend aisément le vernis, et, ayant plus de fermeté que le tilleul, il se coupe plus net, et convient mieux par conséquent à la gravure. Façonné en voliges, il conserve les toitures quatre fois plus long-temps que les autres bois qu'on em-

ploie au même usage : il pourroit encore
orner et enrichir nos forêts.

CHATAIGNIER.

Le chàtaignier greffé se marieroit
agréablement au marronier, et tandis
que l'un offriroit ses fruits aux animaux,
l'autre offriroit les siens aux hommes.
Son feuillage, touffu et étendu, répandroit sur nos chemins, flattés de sa présence, le plus frais ombrage, sous lequel le voyageur reposant avec douceur,
trouveroit encore un fruit qui ne lui seroit pas indifférent.

NOYER.

Le noyer orne et enrichit la plupart
des grandes routes du Bas-Rhin. Les
riverains ne se plaignent plus de son
ombrage, depuis qu'il leur offre chaque
année une riche récolte en noix, dont
une partie est convertie en huile, et

l'excédant vendu avec bénéfice jusque dans le cœur de la France.

Cet arbre, précieux par son bois, par son fruit et son brou, par ses feuilles odorantes et ses vertus attractives, mérite d'être dans les premiers rangs de ceux qui sont destinés à nos grandes routes. Comme il aime sur-tout à s'étendre et à vivre isolément, il conviendra particulièrement aux voies pastorales et dans l'intérieur des terres.

PEUPLIER.

Cet arbre, par la fierté de son port, sa grande élévation et son odeur balsamique, représente le mélèze, le sapin et le pin, dans les lieux bas, marécageux ou humides qu'il affectionne, ou pour mieux dire, il se représentera noblement lui-même dans tous les terrains aquatiques que nos routes ont à traverser : nous en possédons aujourd'hui onze va-

riétés, qui offrent toutes leur utilité et
leur ornement; et quoique toutes ne conviennent pas à nos grands chemins, c'est
cependant ici le lieu d'en donner une
courte et distincte description, pour les
classer ensuite avec plus de facilité dans
les chapitres suivants.

Le peuplier noir est celui qui est le
plus répandu en France; il tient par sa
hauteur le premier rang parmi nos arbres aquatiques : il relèveroit à l'œil les
bas-fonds qu'offrent nos routes, et sa
cime s'élèveroit à l'unisson avec celles des
arbres plantés sur les hauteurs.

Il vient avec la plus grande facilité des
rejetons, qu'il faut de préférence choisir
de l'année, et qui dans l'espace de cinq
ans, acquièrent jusqu'à douze pieds de
hauteur; à vingt-cinq et trente ans, il
est déja dans sa perfection; ses rameaux
séchés avec ses feuilles peuvent fournir
une excellente nourriture au bétail; les

boutons de ce peuplier transsudent au printemps une sève gommeuse, odorante, qui entre dans le baume *Populeum*, souverain pour les coupures.

Le peuplier noir de la Lombardie fait l'ornement des campagnes d'Italie; ses feuilles sont d'un vert vif, brillant, et sa verdure plus stable que celle du précédent; mais ce qui lui donne sur-tout une apparence plus riche, plus flatteuse, c'est sa forme pyramidale, propre à relever singulièrement la beauté d'un chemin.

Le peuplier noir du Canada s'élève aussi promptement à une grande hauteur; sa tête prend une belle forme ronde et panachée sur sa tige comme celle du tilleul. Lorsqu'il entre en sève, ses boutons se gonflent et répandent au loin une odeur balsamique; il est plus robuste que les précédents, et pourroit jouer un beau rôle dans les avenues, et dans nos plantations aquatiques.

Le peuplier noir *Tacamahaca* est originaire de la Caroline, où il se plaît particulièrement à ombrager les rivières. Il s'élève dans ce pays à une grande hauteur, qu'il n'a pas encore su atteindre dans nos climats; mais il a eu pour compagnon de voyage un autre peuplier *baumier*, qui a le port et le feuillage des grands lauriers du Midi. Je l'ai vu déja fort répandu en Allemagne, et même dans le département du Bas-Rhin, où le goût général des plantations embellit tous les jours davantage ce beau pays.

Cet arbre est très précieux sous les rapports sanitaires et par sa belle végétation. Je l'ai cultivé, dans un terrain sec et élevé, à côté du *Tacamahaca*, et tandis que ce dernier, aussi fort odorant, n'a pas passé huit pieds dans l'espace de

huit ans, le grand peuplier baumier avoit
déja acquis vingt-quatre pieds de hauteur. Ses feuilles ont l'avantage de parer
la nature dès la fin de février; ses boutons très gros sont toujours remplis d'une
gomme jaune, épaisse et balsamique;
quoique forte, on la respire volontiers
avec l'air frais du printemps : comme il
veut en général un sol humide; il pourroit être dans bien des lieux marécageux
un puissant salubrifère; il vient facilement de boutures faites en novembre (1).

Le peuplier noir de la Caroline est un
des plus somptueux arbres d'ornement
que l'on puisse cultiver; ses feuilles glacées, épaisses, inquiètes, sonores, et par-
tagées par une veine de corail, ont jus-

---

(1) On ne peut assez s'étonner que cet arbre,
aussi précieux que beau, soit encore très rare à
Paris et aux environs, tandis que les seules pépinières de Strasbourg en contiennent plus de vingt
mille sujets.

qu'à huit pouces de longueur sur six de largeur ; elles sont légèrement et agréablement campanées sur les bords ; la verdure en est vive, brillante et stable ; elles conservent leur beau teint même après leur chute, qui n'arrive qu'à la mi-décembre.

« L'accroissement de ce peuplier, dit le célèbre Daubenton, est un phénomène digne de la plus avide préférence : c'est de tous les arbres qui viennent dans les climats tempérés de l'Europe, celui qui croît le plus promptement. Il s'élève et grossit d'une vitesse surprenante : de jeunes plants d'un demi-pied de haut, plantés dans une terre meuble et fraîche, ont pris, dans deux ans, quinze pieds de hauteur sur huit à neuf pouces de circonférence, ayant des têtes de huit à dix pieds de diamètre, garnis de six, sept et huit branches de cinq, sept, jusqu'à huit pieds de longueur. Cet arbre peut être regardé comme un prodige de végétation. »

Ce bel arbre, arrivé des mêmes rives américaines que les peupliers baumiers, mérite aussi notre prédilection, nos recherches et la propagation la plus infatigable : il vient à toutes les expositions des lieux bas et humides. On le multiplie de branches couchées et par la greffe, sur le peuplier noir ordinaire et celui d'Italie. Combien nos prairies, nos ruisseaux, nos étangs et nos fleuves, se trouveroient noblement décorés, enrichis et enorgueillis de sa possession!.... Combien la nature peut devenir belle et riante aux yeux de l'homme, qui l'a si long-temps dédaignée, lors même qu'elle lui offroit avec munificence tant d'objets dignes de son admiration et de sa reconnoissance !

Le peuplier blanc à larges feuilles, que l'on nomme grisaille d'Hollande ou *franc Picard*, est un grand arbre qui ne pointe pas autant que le peuplier noir ; mais qui s'étend beaucoup plus et grossit davantage; son accroissement rapide approche le plus du beau peuplier de la Caroline; sa complexion robuste résiste à toutes les intempéries des saisons; on le multiplie facilement de boutures; mais encore plus promptement des rejetons qui viennent en quantité sur ses racines. Cet arbre est destiné par la nature, à assainir les lieux fangeux où peu d'arbres se plaisent à venir : les Hollandois en forment de grandes avenues le long de leurs canaux.

Voilà les six espèces de peupliers qui semblent le mieux convenir à orner les lieux bas de nos routes, à accompagner élégamment nos canaux, assainir nos marais, ombrager les prairies, les lacs et les fleuves, et servir de puissants syphons pour attirer les eaux du ciel et abriter les terres.

Le bois de tous ces peupliers est recherché par les charrons, les tourneurs, les luthiers ; les layetiers, les menuisiers s'en servent avec succès dans les boiseries, et particulièrement pour parqueter.

SAULE.

La famille des saules est de tous les arbres aquatiques, la plus variée et la plus étendue ; on en compte de soixante sortes, divisées en trois classes, qui sont les saules propres, les marsaux et les osiers. Je ne parlerai ici que de la première classe seule digne, par son élévation, son volume et sa durée, d'être entrelacée avec le peuplier, pour décorer et assainir les bas-fonds de nos routes.

Ce sont les rives du Danube, le plus grand, le plus large des fleuves de l'Europe, que le saule a choisies pour y donner la mesure de sa grandeur; d'une part, il couvre majestueusement les eaux limpides de l'ombre vaste qu'il y projette : de l'autre il élance sa cime jusqu'à perte de vue dans les airs, et fait voir ainsi quel rang la nature lui a assigné parmi les plus beaux arbres nautiques qui décorent la terre.

On voit dans le département du Bas-Rhin des avenues plantées en saules, qui s'élèvent à 70 pieds de hauteur, et qui sont du plus grand effet, mélangé avec les différentes variétés de peupliers, il diversifieroit agréablement la physionomie de nos plantations, et d'autant plus avantageusement que ses rameaux séchés pour l'hiver, offrent un excellent fourrage aux moutons, aux chèvres et aux bœufs.

Le saule croît promptement : il vient très facilement de plançons ; mais beaucoup plus beau de graine ; son bois est recherché par le houblonnier et le vigneron, par le sculpteur, le peintre, le graveur, pour tracer les esquisses ; par l'or-

fèvre, pour polir l'or et l'argent; ses feuilles trempées dans l'eau et répandues dans
la chambre d'un malade, rafraîchissent
et assainissent agréablement l'air.

ORME.

Il y a quatorze variétés de cet arbre,
dont les unes pourroient embellir nos
bosquets, d'autres former des haies élégantes, pour protéger les clos contre les
vents, les froids et les orages; les plus
forts varier les ombrages de nos grandes
routes.

L'orme champêtre s'élève fort haut,
forme une très belle tête d'un feuillage
touffu qui, comme ses racines, s'étend
au loin en parasol; c'est de tous les arbres
celui qui offre l'ombre la plus salutaire;
ses feuilles deviennent en hiver une excellente nourriture pour les moutons, les
chèvres, et sur-tout pour les bœufs qui
en sont très friands. Il atteint sa perfec-

tion à soixante-dix ans, donne sa graine avant l'arrivée des feuilles, est docile au ciseau du décorateur, vient facilement dans tous les sites, dans presque toutes les terres, de rejetons, de marcottes, très bien des greffes, encore mieux de graine, et produit le meilleur bois pour le charronnage, les fontainiers, les menuisiers, les tourneurs, lorsque sur-tout il a séjourné un mois dans une eau courante.

Il y a un autre orme champêtre à feuilles élégamment panachées : ces ormes pyramidaux produiroient, mélangés avec les autres, un contraste agréable et pittoresque.

L'orme d'Hollande est remarquable par la beauté et la grandeur de ses feuilles, qui vont jusqu'à six pouces, et procurent une ombre impénétrable ; il croît les premières années avec une grande promptitude ; mais il a malheureusement le défaut de donner ses feuilles fort tard,

et de les perdre de bonne heure; son
écorce toujours gercée et effilée, a une
apparence désagréable. L'orme à écorce
blanche donne une belle tige droite,
l'accroissement le plus régulier, une jolie
feuille large, d'un vert vif, qui tombe
beaucoup plus tard que celles des autres,
le rendent recommandable dans le choix
à faire de cette espèce d'arbres.

Le mélange de tous ces ormes pourroit répandre, par les contrastes de leurs
ports, de leurs feuillages et de leurs ombres, une agréable variété dans le paysage toujours trop maigre et trop mono-
tone de nos routes; mais je crois aussi
que le bon goût, et sur-tout l'objet de
ces plantations, doivent commander
d'user sobrement de cet arbre, parceque
sa floraison est inodore, sans aucun
charme, et qu'il ne fait qu'une impression stérile que n'accompagne aucun
plaisir, tandis que le tilleul, le marro-

nier, le châtaignier (1), à l'époque de la floraison, réveillent agréablement les sens, ou flattent et récréent la vue, et portent plus tard un fruit qui a un usage utile. Le peuplier et le saule ne peuvent être non plus remplacés par l'orme dans les bas-fonds, qu'ils sont par la nature destinés à assainir et à embellir.

Mais les ormes, qui sont des arbres nuls sous le rapport des fruits, peuvent d'autant plus avantageusement remplir un objet d'utilité quant au bois qu'ils produisent, qu'ils sont peut-être ceux de tous les arbres qui se nuisent le moins, et qui dans le moindre espace, deviennent les plus gros : la nature les a d'ailleurs doués d'une fécondité si prodigieuse, qu'un seul orme champêtre peut offrir annuellement, dans ses siliques, jusqu'à trois

____

(1) Les émanations des fleurs du châtaignier répandent une odeur énergique, mais peu agréable.

cent trente mille graines, et dans la révolution de sa vie jusqu'à seize milliards, capables de donner dans une progression que le calcul n'ose suivre, d'innombrables êtres de son espèce.

C'est sur des arbres de ce genre, nuls par leurs fruits, précieux par leur bois, qu'il seroit raisonnable, intéressant d'établir l'usage des taillis ou des exploitations réglées; c'est dans ces bois à combustible que le propriétaire trouveroit ses récoltes régulières de fourrages; le manufacturier et toutes les classes de la société des coupes périodiques propres à tous les usages : la cognée épargneroit les arbres plus précieux, qui offrent leurs huiles, leurs résines, leurs pâtes, et leurs feuilles à nos ménages.

MURIER.

Je suis enfin arrivé à ce voyageur infatigable, modeste dans son port, modeste dans son vêtement sous lequel il cache ses trésors; qui quitta la Chine pour donner un nouvel éclat aux belles esclaves de l'Indoustan, de la Perse et de Constantinople; qui, caressé de tous les souverains, de tous les peuples industrieux de l'Europe, vint aussi établir sa génération en Sicile, en Italie, en Espagne, en France, jusqu'en Prusse et en Angleterre. Cet arbre est d'autant plus digne de voir étendre et protéger sa longue lignée sur tous les chemins, dans tous les vergers et dans toutes les plantations, qu'il demande à tout enrichir avec son fidèle et laborieux compagnon le ver-à-soie.

On connoît trois espèces principales du mûrier : le mûrier noir qui, étant connu de tout temps en Europe, paroît être indigène dans nos climats; il est le plus remarquable par la beauté et la bonté de son fruit rafraîchissant qu'il donne en août. Le mûrier blanc vient

originairement de la Chine ; et après avoir
peuplé les contrées les plus commerçan-
tes de l'Orient, il s'est acclimaté en Occident, où par la culture du ver-à-soie qu'il
nourrit de ses feuilles, il a donné lieu à
l'homme de créer de nouvelles merveilles,
et d'enrichir tous les peuples industrieux
qui ont su le rechercher, le posséder et
le multiplier. Le mûrier rouge est venu
de l'Amérique septentrionale : ses belles
et larges feuilles fournissent une riche
nourriture au ver-à-soie et au bétail ; son
fruit un mets abondant pour la volaille,
l'écorce de ses branches un tissu dont,
en Amérique, on fait des ficelles, des
cordes et de grosses toiles.

MÛRIER NOIR.

Le mûrier noir est un grand arbre,
robuste et de longue durée ; il refuse peu
de sites, peu de terres, puisque ses racines qui suivent plus la surface que la pro-

fondeur du sol, cherchent les sucs jusqu'à travers les pavés et les murs qu'elles
percent : c'est presque toujours avec ses
feuilles larges, un peu àpres pour le ver-
à-soie, qu'on a commencé l'éducation
de ce précieux insecte; mais la soie acquiert moins de corps et d'éclat que celle
qui provient des feuilles plus tendres,
plus mucilagineuses du mûrier blanc.
Deux mûriers noirs peuvent dans la force
de leur âge, subvenir à l'aide de leurs
fruits, à la consommation du plus gros
ménage, et prévenir dans cette saison
ardente, des maladies, graces à la qualité salutaire et rafraîchissante de ces
fruits. Ce seroit pour le laborieux mois-
sonneur et pour le voyageur brûlé par
l'ardeur du soleil, un grand bonheur de
trouver, à l'ombre de cet arbre, le repos,
une agréable hospitalité, enfin un repas
dont un morceau de pain et la mûre feroient les frais. Non seulement il seroit

beau de le placer à de petites distances
sur nos routes; mais il seroit intéressant
de le voir croître encore devant chaque
maison de village, dans toutes les basse-
cours, dans tous les jardins et tous les
vergers.

Cet arbre mis en espalier, donne des
fruits superbes; on en fait des robs, des
sirops qu'on emploie dans les gargaris-
mes contre les inflammations, les éro-
sions, l'enflure douloureuse de la gorge
et des glandes du fond de la bouche, etc.

Il vient de boutures, de greffe, plus
beau de semence, et le plus promptement de branches couchées qui, au printemps suivant, récépées à trois pouces
au-dessous de terre, donneroient des
plants plus robustes et d'un accroissement double de celles des autres mé-
thodes.

MURIER BLANC.

Cet arbre précieux fournit au ver-à-
soie la feuille la plus tendre, avec laquelle il donne cette inestimable matière,
que son brillant, sa beauté et sa consistance ont destinée à former les vêtements
d'un sexe enchanteur, ceux des souverains et des ministres de l'autel, à parer
les maisons opulentes, les palais et les
temples; le tissu qui en provient n'est plus
exclusivement l'apanage de la richesse et
du luxe; les progrès de nos arts l'ont mis
à la portée du plus grand nombre; léger
et flatteur à l'œil, il est recherché jusque
dans les campagnes les plus reculées.

Beaucoup de nos départements tempérés et méridionaux se trouvent déja
plantés en mûriers; mais les manufactures françoises qui, avant 1789, consommoient annuellement pour vingt-
cinq millions de soie, étoient encore

obligées d'en tirer pour quinze millions
des pays étrangers; ce tribut honteux
que notre indifférence payoit à leur industrie, s'élèveroit en peu d'années, par
l'usage qui se généralise des étoffes de
cette riche matière, à un taux accablant
pour l'état, si nous ne nous empressions
de multiplier par-tout et à l'infini, un
arbre qui prospéreroit dans tous les cantons du royaume.

Lorsqu'on considère que le plus riche,
le principal commerce de la Chine, du
Japon et de la Perse, consiste en soies,
que les Européens navigateurs vont chercher à travers les dangers, les humilia-
tions et les naufrages et payent avec des
lingots d'or et d'argent ce que les enfants,
les femmes et les vieillards peuvent, dans
leurs loisirs faire seuls produire, on est
malgré soi étonné de ne pas voir encore
chacun de nos ménages champêtres, posséder une demi-douzaine de mûriers,

dont le rapport en cocons leur donneroit une rente de 15o francs, sans parler de leurs fruits dont la volaille est très avide. J'en ai vu beaucoup d'exemples dans nos contrées méridionales, au sein des familles où l'éducation des vers-à-soie est une sorte d'amusements ; et ces exemples pourroient se multiplier dans presque tous les départements de la France; car j'ai vu réussir le ver-à-soie au 49ᵉ degré de latitude.

Le mûrier blanc a un joli port régulièrement dessiné : ses racines tracent au loin, ses feuilles sont d'un vert doux et naissant; elles sont plus minces, plus moelleuses, et viennent quinze jours plus tôt que celles du mûrier noir; il est d'une forte complexion et dans la force de l'âge à vingt-cinq ans ; il a une végétation prompte , se multiplie facilement , et réussit on ne peut mieux à la transplantation, qui doit se faire de préférence en

automne : il a l'avantage de venir par les
mêmes moyens et plus vite que les autres
mûriers. Une seule livre de graine qui
coûte peu, donne soixante mille plants ;
ses mûres sont blanches, rouges et pur-
purines, d'une douceur fade ; les enfants
les mangent avec plaisir ; elles engraissent promptement la volaille.

Mais le moyen le plus prompt d'en
jouir, c'est de planter de jeunes mûriers
en lisières sur quelques pieds de largeur ;
ces plantations ont l'avantage de former
en peu de temps de jolies haies, de pousser plus en feuilles que les arbres, de
rendre la cueillette facile, de permettre
de la faire au bout de trois ans, tandis
que sur des arbres en tige, il seroit dangereux de la faire avant la fin de la cin-
quième ou de la sixième année.

Le mûrier d'Espagne est une variété
d'une grande perfection du mûrier blanc,
produite par la semence et la culture ; il

fait un bel arbre, à tige droite et à tête régulière; sa feuille est beaucoup plus grande, plus chargée de parenchyme, plus succulente, et ses mûres plus grosses que celles du mûrier blanc ordinaire de la meilleure espèce : ce qui prouve combien des soins entendus peuvent avoir d'utilité en ce genre. On le greffe facilement sur le précédent en écusson; ses feuilles mélangées avec celles du mûrier blanc, donnent une soie plus forte.

Le grand mûrier de Virginie à fruits rouges, porte des fruits en pleine maturité dès le commencement de juin, et ses feuilles très larges, longues de quatre à six pouces, sont de quinze jours plus précoces que celles du mûrier blanc; on ne connoît pas encore quel succès il pourroit avoir pour le ver-à-soie; mais très assurément son union avec les autres familles, doit offrir par la voie de la greffe, des avantages réels. Le bois de tous les mûriers est dense, chatoyant, d'un beau jaune spéculaire, et propre à entrer dans toutes les boiseries recherchées.

J'ai une telle idée de la culture du mûrier, que je suis persuadé qu'elle peut encore être beaucoup perfectionnée, et que nos soies pourroient sinon dépasser, au moins égaler celles du Piémont que nos manufactures ont toujours et préférées et payées plus cher que les nôtres; mais combien cette culture généralisée dans toute la France, ne pourroit-elle pas faire naître et multiplier de ces riches manufactures, qui assurent l'aisance des peuples qui les mettent en mouvement? J'ai la conviction qu'avec l'influence que notre Gouvernement peut exercer sur le peuple françois, si actif et si susceptible d'impressions, dans moins de dix ans nos seules fabriques pourroient déja employer pour 5o millions de soie par an, et notre commerce en expédier pour plusieurs autres millions à nos voisins, le tout provenant des cultures indigènes.

On sait que la valeur de cette matière première peut devenir triple par les façons et le travail, et que cinquante millions peuvent aisément en produire cent cinquante. Plantons donc par-tout le mûrier; au lieu d'envoyer nos lingots, soutirons au contraire ceux encore de nos voisins, au moyen des envois de soies écrues ou manufacturées que nous pourrions si aisément leur faire.

Je viens de passer en revue le tilleul, le marronier, le châtaignier, le noyer, l'orme, le peuplier, le saule et le mûrier, dignes d'occuper de préférence une place sur nos grands chemins, et qui, mélangés comme le veulent la nature et le bon goût, présenteroient, le long de ces monuments publics, le paysage varié d'un brillant bosquet, d'un riche verger ou d'une symétrique et fructueuse forêt, tout en offrant dans leur floraison, leur feuillage nuancé et diversifié, leur ombre serrée et rafraîchissante, une promenade agréable au voyageur, et aux campagnes un abri indispensable contre les vents violents, desséchants et destructeurs.

Mais ces grandes routes, qui peuvent être physiquement considérées comme de gracieuses écharpes qui ceignent les vastes espaces qu'elles doivent orner et abriter, sont susceptibles de recevoir d'autres couleurs, d'autres vêtements; les pins et les sapins sur-tout y figureroient avec élégance, et d'autant plus avantageusement que, réunissant dans leur verdure stable les quatre saisons, ils se détacheroient des neiges avec ce charme qu'on aime à trouver dans une végétation vivante, au cœur même des hivers. Le voyageur, trop souvent embarrassé de distinguer au milieu des

neiges la route qu'il doit suivre, ne ris-
queroit plus de s'égarer et d'éprouver
de fâcheux accidents, comme cela arrive
par le défaut de plantation.

C'est en plantant avec ce soin nos
grandes routes, c'est en mélangeant sans
cesse les arbres destinés à les orner, que
la beauté de l'un se détachant par les
contrastes de son voisin, chacun pren-
dra toute son expression, et que ces monuments acquerront le caractère d'utilité et de grandeur qui leur appartient.
Non seulement les voyages s'entrepren-
droient avec plus de plaisir et se feroient
avec plus de charme; mais, comme tout
se fait par la force de l'exemple et de
l'imitation, ces grandes routes devien-
droient nos premières manufactures végétales; placées immédiatement sous les
yeux du peuple, qui y cueilleroit et les
fruits et les feuilles, et les graines et les
greffes, elles le détermineroient à porter

bientôt dans ses habitations champêtres le goût des plantations, à l'aide desquelles ces humbles demeures, parées des attraits de la nature, verroient croître de nouvelles moissons.

On ne sauroit croire combien une réunion d'arbres, venant de régions différentes, fait naître dans l'ame d'idées douces, de sensations agréables et de sentiments élevés. Nos routes, comme les boulevards de Paris, ne sont encore plantées qu'avec monotomie : les arbres sont même placés à une si grande distance les uns des autres, qu'on les diroit isolés. Ceux qui sont chargés de leur entretien sont si avides de leurs jeunes rameaux, qu'on diroit n'avoir planté ces arbres que pour assurer à ces ouvriers leur provision de menu bois.

Les Champs-Élysées, dont la promenade, située dans un des plus beaux emplacements de la capitale, devroit être ravissante, sont loin de répondre à l'acception et à la beauté originelle de leur nom. En effet, quels arbres y viennent charmer la vue et les sens? Des ormes, toujours des ormes, et rien autre chose que des ormes! Si l'on y voyoit vivre au contraire en société, les cèdres, les pins et les sapins; les peupliers, les bouleaux, les saules et les platanes; les acacias, les sycomores, les aliziers et les biccoconliers, mélangés avec les tilleuls, les marroniers, les ormes, les frênes et les érables, dont l'acquisition et la plantation n'auroient pas plus coûté, et qui à leur tour eussent attiré leurs tributs d'oiseaux; ces mêmes Champs-Élysées auroient, au lieu de quinconces trop monotones, offert le spectacle d'un continuel enchantement.

Les propriétaires des jardins voisins ont si bien senti le mérite de ces consonnances, qu'ils ont varié et embelli à l'infini leurs plantations; aussi les regards de ceux qui s'y promènent se reposent-ils avec d'autant plus de plaisir sur ces jolis cadres, que le contraste est tout à leur avantage.

On commence à sentir le besoin d'étendre les nuances et le coloris du magnifique jardin des Tuileries, planté avec trop de monotonie, et dont les parterres, misérablement cultivés, sont loin de répondre à ce qu'on attend dans une demeure royale.

La partie neuve du vaste jardin du Luxembourg, est d'une ordonnance plus grandiose et plus variée. Ce beau jardin, soigné avec un goût remarquable, a reçu, dans la diversité de ses plantations, un coloris et un gracieux qui attachent et charment les regards.

La jolie promenade du *Contade*, située hors du glacis de Strasbourg, se compose d'allées de catalpas, de platanes, de tulipiers, de noyers d'Amérique, de tilleuls, de grisailles de Hollande, d'acacias, de frênes, de peupliers et d'une infinité d'autres arbres, qui lui donnent une physionomie aussi variée qu'agréable et intéressante.

TABLEAU DU SEPTIÈME CHAPITRE.

Ce tableau sera double : dans la première moitié, on verra quatre chemins champêtres, avec quelques vieux arbres à de grandes distances ; d'un côté des troupeaux répandus dans la campagne, exposés aux plus grandes ardeurs du soleil, cherchant vainement la fraîcheur des ombrages.

De l'autre, on dessinera un violent orage, foudroyant des paturaux qui fuiront à cheval ; les troupeaux courant pêle-mêle, avec leurs conducteurs, sous un des arbres isolés du chemin, et atteints aussi par la foudre.

On lira au bas :

Tristes effets de l'abandon de nos chemins champêtres.

Dans l'autre moitié, on distinguera les mêmes chemins plantés en arbres fruitiers ; le berger parcourant sous leurs ombrages, avec sa flûte et son troupeau, un de ces chemins ; le pasteur rassemblant ses vaches au son de son long chalumeau sera vu sur un autre ; le chevrier avec sa musette et ses chèvres sur un troisième ; et les paturaux avec leurs chevaux figureront sur le quatrième.

De distance en distance, on verra les moissonneurs et le laboureur se reposer sous ces voûtes d'ombrages, et d'autres occupés à cueillir des fruits....... Des colonnes milliaires se distingueront à l'angle de chaque chemin.

On lira cette inscription au bas :

Régénération de nos voies pastorales.

CHAPITRE VII.

Chemins champêtres ou routes pastorales, précieux avantages qui peuvent résulter pour les campagnes de leur plantation en arbres fruitiers; choix de ces arbres.

CES chemins, si intéressants pour les communications rurales, languissent depuis leur existence dans un déplorable abandon; ce n'est que dans peu de cantons, qu'honore déja une culture recherchée, qu'on a le plaisir d'en voir quelques uns bordés de plantations qui les embellissent; mais dans la plupart on n'aperçoit que çà et là un vieux chêne, nourrissant encore le gui sacré, que les ministres du culte de nos ancêtres alloient couper en pompe avec leurs ciseaux d'or, ou un pommier, un poirier un cerisier sauvage, restes et témoins de l'ancien domaine des bois, dont nous n'avons cessé de resserrer les limites; dans d'autres, on ne voit même plus que des fragments de haies de prunelles, de genévriers ou d'aubépines, qui, ombragées et protégées autrefois par de grands végétaux, servoient de retraite à quelque hôte des bois, aujourd'hui retiré dans des climats plus hospitaliers, ou dont la génération s'est peut-être même éteinte (1).

Mais ce qui afflige encore plus vivement les regards, c'est de voir les troupeaux de bœufs, de vaches, de moutons, de chèvres et de porcs, répandus pendant les chaleurs caniculaires dans la

______

(1) Le faisan, la gelinotte et le coq de bruyère, qui peuploient autrefois nos bocages, n'existent peut-être plus aujourd'hui en France, dans la proportion d'un sur mille comparativement aux temps passés.

vaste nudité de nos campagnes; là, après
avoir satisfait leur appétit, les uns, paisibles ruminants, veulent triturer dans
une inaction absolue la nourriture em-
magasinée dans les poches de leurs estomacs; les autres veulent confier au doux
sommeil le soin d'élaborer un bon chyle;
alors tous aspirent à jouir d'une ombre
bienfaisante; mais tous sont condamnés
par l'homme, leur maître, leur ami, leur
protecteur, qui a détruit leurs tentes rafraîchissantes, à recevoir les traits brûlants du soleil; et, reposant sur une terre
échauffée par les chaleurs de la journée,
ils accusent du feu qui les dévore celui
pour lequel ils vivent, pour lequel ils
tracent ces lourds et longs sillons; celui
qu'ils nourrissent généreusement de leurs
laitages, de leurs lards savoureux; enfin
celui qu'ils couvrent de leurs belles toi-
sons; quelquefois ils expirent sur place,
et souvent, hélas! ils rapportent à l'éta-

ble les germes d'un mal violent et con-
tagieux.

Mais lorsqu'un orage, sillonnant ses
feux sur toute la voûte du ciel, vient à
annoncer de nouveaux maux, alors tout
se lève; les bêlemens plaintifs, les hen-
nissemens, les accents variés de la crainte, attirent soudain les conducteurs en
désordre vers la route pastorale; et si là
se trouve encore un vieux chêne, monument de la ruine de ceux qu'il a vus naître
et abattre à ses côtés, tout se groupe
pêle-mêle autour de ce protecteur im-
puissant, qui doit leur attirer le dernier
malheur; tandis que le patureau veut fuir
sur son coursier rapide, la foudre mille
fois plus rapide encore, il s'ouvre avec
la nuée une communication qui lui devient fatale. Voilà des malheurs qui arrivent annuellement, et qu'on éviteroit
peut-être sans exception si nos chemins
étoient plus généralement plantés; des

abris se trouveroient par-tout à portée,
et en assez grand nombre pour que les
troupeaux pussent se les partager. On
ne les verroit plus se serrer, s'entasser
sous un seul arbre, et, en s'échauffant,
en raréfiant l'air, ouvrir un passage aux
couches supérieures et au fluide électrique.

Ainsi la terre s'est vue successivement
dépouillée de ses plus beaux ornements,
et déchirée au loin par la dent de la
charrue. La grêle, les vents, les orages,
les sécheresses ou les précoces frimas,
punissent annuellement l'aveugle ambition de l'homme. Mais puisque les générations qui nous ont précédés, ont accumulé les privations et les maux sur la
nôtre, soyons plus généreux, plus pré-
voyants envers celles qui doivent nous
suivre ; relevons les autels de la nature ;
ornons la terre d'arbres nouveaux ; chois-
sissons-les tels que, sur les petits espaces

dont nous avons à disposer, nous puissions regagner la valeur de ceux plus vastes que les forêts ont perdus par les continuels défrichements.

C'est en France, sous le tropique du Cancer, que l'astre du jour a voulu briller de son éclat le plus doux; c'est la France que le soleil, après avoir laissé ses flèches de feu sur les rivages de la Méditerranée, visite comme une terre de prédilection. C'est elle que l'influence des mers, la position des lacs, le cours de ses riches et nombreux fleuves, la structure particulière de ses montagnes, ont destinée à devenir un des vergers de l'univers; mais Vertumne, Pomone et la brillante Flore n'aiment point l'étroite enceinte de nos jardins : leur empire fructueux veut surtout orner les collines, s'enfoncer dans les vallons, s'étendre dans les plaines, et ceindre d'une riche écharpe nos chemins champêtres.

La France compte environ quarante mille communes (1); elles possèdent l'une dans l'autre au moins cinq lieues de chemins vicinaux où peut passer une voiture, ce qui forme une longueur totale de deux cent mille lieues, susceptibles de recevoir deux cent soixante millions de pieds d'arbres fruitiers, équivalant à un million d'arpents de bois à fruits.

C'est là que l'élégant cerisier, le large pommier à cidre, le noyer, le poirier, le prunier, le châtaignier nourrissant, et le riche mûrier, doivent étaler leurs trésors, et courbés sous le faix des fruits, incliner complaisamment leurs branches vers la main laborieuse et intelligente qui les aura plantés et soignés.

Je crois devoir prévenir ici une objec-

---

(1) On pense que la France compte encore quarante-quatre mille . au lieu de quarante mille communes.

tion que l'on pourroit être disposé à faire, sur la difficulté apparente d'effectuer ces plantations, lorsqu'il s'agit sur-tout de plusieurs centaines de millions d'arbres.

Dans le cas présent, les deux cent soixante millions de pieds d'arbres, divisés par nos quarante mille communes, se trouvent réduits à la quantité moyenne de six mille cinq cents arbres, que chacune d'elle peut, dans la proportion de son étendue, planter en très peu d'années.

On verra dans le cours de cet ouvrage, et particulièrement au chapitre consacré aux pépinières, avec quelle facilité ces manufactures végétales pourront livrer les arbres nécessaires à chaque commune.

CERISIER.

Je ne parcourrai pas avec détail ses nombreuses familles; mais je m'attacherai à indiquer, parmi les cerisiers, les guigniers, les bigarreautiers et les griottiers, ceux qui conviendront le mieux sur ces chemins, soit comme fruits verts, soit comme fruits à sécher, à confire ou à distiller.

Le bigarreautier à fruit noir est un très bel arbre; il donne une cerise fort grosse, d'une chair ferme et exquise, qu'on met avec succès à l'eau-de-vie, qu'elle colore et bonifie promptement; elle mûrit à la fin de juillet. Le cerisier à gros fruit rouge pâle, est le plus grand des cerisiers à fruits ronds, d'une eau excellente, et mûrit en juillet : c'est la meilleure et la plus agréable des cerises pour les confitures.

Le griottier, qui donne la grosse cerise morelle à ratafia, est d'une grande importance pour les distillateurs. Ce fruit est d'un pourpre foncé; son âcreté le fait préférer pour la confection des bons ratafias et pour les vins de cerises : il mûrit en août. Le petit cerisier sauvage à ratafia, est encore plus recherché que le précédent, parceque l'eau de son fruit, qui est petit, est encore plus amère et plus âcre : il mûrit aussi en août, et se multiplie aisément de ses rejets abondants.

Le *Mahaleb*, qui donne le vrai bois odorant de Sainte-Lucie, dont on fait de jolis ouvrages, est d'une moyenne taille ; mais d'autant plus précieux et plus digne d'être multiplié à l'infini, que c'est avec son fruit qu'on fait ces bonnes *Kirschenvaser*, si goûtées par-tout aujourd'hui, et que l'on vend beaucoup plus cher que les autres eaux-de-vie de cerises ; c'est avec ce fruit sur-tout que l'on compose cette délicieuse liqueur du marasquin : c'est la véritable cerise *Marasque* de Dalmatie, qu'on n'obtient plus que difficilement et chèrement par la voie de Venise.

Le mahaleb enrichit les distillateurs des deux revers des Alpes et des Vosges, où il croît dans le plus mauvais fond ; il viendroit facilement par-tout, et mériteroit, par les grands avantages qu'il procure, soit par son bois, soit par son fruit, d'occuper de longues lignes sur nos chemins ruraux; c'est sur cet arbre que l'on greffe toutes les variétés de cerisiers avec le plus de succès, parceque le mahaleb pousse sobrement, se charge moins de gomme, et met les greffes qu'on lui confie plus tôt en fruits que les autres.

Cet arbre, fort vivace, qui vient dans tous les sites avec la facilité du chiendent, est tout parfum dans son bois, dans son fruit et dans ses feuilles, qui ont la forme de celles du poirier : en brûlant de ces feuilles sous une pièce de gibier en broche, on lui donne un fumet supérieur et délicieux.

A ces cinq espèces de cerisiers, dont

l'usage et le bénéfice s'étendent avec le temps, on peut ajouter les différentes variétés qui se trouvent dans chaque canton, ou que le bon goût voudra y réunir, pour varier la belle floraison, et les époques de jouissance de ce joli et délicieux fruit, avec lequel on pourra faire, tel qu'il puisse être, d'excellentes eaux-de-vie. Les merisiers et les cerisiers communs à fruits ronds sont ceux qui, après le mahaleb, reçoivent le mieux les greffes : j'ai vu, en 1780, les forêts de la Lorraine allemande encore remplies de merisiers.

NOYER.

Il y en a six espèces distinctes qui appartiennent à notre continent : cet arbre craint plus l'extrême chaleur que le froid. Les zones tempérées, qui se trouvent dans toutes les latitudes de la France, lui conviennent le mieux. Il s'élève à une grande hauteur, pousse richement en branches, vient par le semis des noix, qu'on fait de préférence en automne. La meilleure méthode seroit de les semer dans les places où ils doivent demeurer; mais lorsqu'on veut le rendre riche en fruits, il faut le transplanter plusieurs fois : c'est le moyen d'avoir les noix les plus belles, en plus grande quantité et le plus promptement. Au bout de deux ou trois ans, on commence la première transplantation, pour supprimer le pivot et lui faire pousser des racines latérales; il offre ses premiers fruits après sept ans de semence, et se trouve à sa perfection à soixante ans : comme il aime à s'étendre, il convient de l'espacer entre six et huit mètres.

Le noyer commun est l'espèce la plus répandue; je l'ai vu ombrager les ruisseaux de nos départements méridionaux, et couronner les coteaux de nos départements du nord. Celui à gros fruit se trouve dans presque tous les vergers; ses feuilles sont plus grandes que celles des autres; ses grosses noix valent mieux confites ou mangées en cerneaux que sèches, parceque l'amande étant mollasse, elle se réduit beaucoup en séchant.

L'espèce de noyer à fruit tendre, est de la meilleure qualité pour la table; sa coquille est fort mince et se casse facilement. Le noyer à fruit dur ou la *noix féroce* qui se casse très difficilement, est la plus propre pour faire de l'huile. Le noyer à feuilles dentelées, est plus petit que le noyer commun, et donne une noix plus longue.

Le noyer de la Saint-Jean est l'espèce la plus précieuse de toutes : on le nomme ainsi, parceque ses feuilles ne poussant qu'en juin, ne sont complétement épanouies qu'à la Saint-Jean, c'est-à-dire, au moins vingt jours plus tard que les autres espèces; et comme les fruits ne viennent qu'à la suite des jeunes pousses, il arrive souvent que ceux-ci sont détruits par les gelées meurtrières du printemps, et que le noyer de la Saint-Jean commence seulement à pousser lorsque la saison est assurée; avantage rare qui assure toujours ses récoltes, tandis que celles des autres sont souvent compromises et rarement complètes.

Plusieurs cantons connoissant ce précieux avantage, cultivent ce noyer de préférence à tous les autres; mais la plupart de nos départements négligent encore sa culture; et comme dans nos nouvelles plantations, nous devons tendre au plus sûr et au plus utile, on ne sauroit trop s'attacher à multiplier cette excellente espèce, puisque la noix est en même temps très bonne, et mûrit presqu'aussitôt que les autres.

La Virginie et la Louisiane qui possèdent de grandes forêts de noyers, nous ont déja fourni plusieurs espèces dignes d'être propagées dans nos campagnes : les noix de la Virginie sont très bonnes à être mangées en cerneaux ; elles sont moelleuses, cassantes, d'un goût plus fin, et sur-tout plus huileuses que les noix ordinaires. Le pacanier de la Louisiane donne une amande délicate comme celle des noisettes, et dont on fait des pralines excellentes. Cet arbre est déja très répandu dans le département de la Côte-d'Or. L'Amérique qui a tant accru nos richesses végétales, nous offre tous les jours de nouveaux trésors : accueillons et multiplions, avec un avide empressement, tous les arbres utiles que ce continent et tous les autres points de la terre présentent à notre volonté, pour enrichir nos campagnes, augmenter nos jouissances, et réaliser le bonheur d'une vie déja si parsemée des peines amères que donne la cruelle inquiétude des besoins.

Le noyer est un des plus utiles arbres que nous ayons ; son fruit pare nos tables en forme de cerneaux, en forme de confitures, en amandes sèches, en ratafias de santé, et en huile très bonne, lorsqu'on l'extrait des noix fraîchement séchées ; les teinturiers se servent de sa racine, de l'écorce, **de la** feuille et du brou des noix, pour teindre les étoffes en fauve, en café et en couleur de noisettes. Son bois est aussi employé par les ébénistes, les menuisiers et les tourneurs ; comme cet arbre est très odorant, sur-tout par ses feuilles, et qu'il a des propriétés très absorbantes, je le crois fort propre à s'emparer du mauvais air de son voisinage, à s'en nourrir et à le purifier.

POMMIER.

La nature, qui est si splendidement libérale dans toutes les productions utiles

à l'homme, offre dans les seules familles
des pommiers, jusqu'à trois cents variétés différentes, dont la saveur, le goût
et les divers usages, peuvent varier autant de fois nos jouissances dans une
seule espèce de fruit. Nos potagers et nos
vergers que nous croyons riches, ne
comptent cependant encore qu'une tren-
taine de variétés dans leur enceinte; nous
dédaignons les autres quelque mérite
qu'elles aient, parceque leur acide âpreté
ne flatte pas aussi agréablement nos
palais; mais les deux cent soixante-dix
autres variétés de pommes se caractéri-
sent par autant de saveurs distinctes,
plus ou moins sucrées, plus ou moins
acides, plus ou moins âpres, qui sépa-
rément ou mélangées, peuvent, comme
les cerisiers sauvages à ratafia et à kirs-
chenwasser, produire des liqueurs, à la
vérité moins spiritueuses, mais plus généralement utiles, et obtenir, suivant

leur composition, plus ou moins de corps
ou de durée; aussi nos champs et nos chemins champêtres plus modestes, sauront,
en acceptant quelques pommes à couteau de nos vergers, choisir parmi ces
nombreuses classes injustement dédaignées, celles qui pourront composer des
cidres agréables, corroboratifs et rafraî-
chissants, des eaux-de-vie cordiales, des
vinaigres utiles à nos ménages et des
marcs excellents pour la nourriture des
vaches, des porcs et de la volaille.

Les riantes campagnes de la Normandie qui ont l'art de jouir de deux récoltes
en même temps et sur le même sol, démontrent aux autres départements, avec
quelle riche libéralité l'inépuisable nature se plaît à encourager ceux qui sont
assez heureux de croire à toute sa fécondité; les pommes à cidre de la Normandie
sont si bien choisies, elles sont d'une telle
bonté, et le vin fait avec tant d'art, qu'il

peut se conserver jusqu'à quatre ans; qu'il va non seulement de pair avec les bonnes bières et les bons vins ordinaires; mais qu'on en exporte déja annuellement huit à dix mille muids de cette seule contrée, soit dans les pays voisins, soit pour les pêches dans les mers du nord. Ces avantages pourroient s'étendre à un degré infini, si ces plantations étoient par-tout généralisées.

Ces riches vendanges, qui n'occupent point d'espace, qui viennent sans dépenses, qui ornent les campagnes, n'ont point à redouter les grêles meutrières ni presque l'inclémence des saisons; plus heureuses en cela que la vigne timide et délicate, qui après avoir exigé des cultures continuelles et dispendieuses, nourrit encore dans l'ame du vigneron, si souvent déçu, la tremblante inquiétude, jusqu'au moment enfin où son vin bouillonne dans ses tonneaux. Elles n'exigent

point non plus le sacrifice de ces grains
précieux qui composent notre premier aliment, et qui causent de si grands soucis.

N'est-il point triste de voir que le laboureur et la nombreuse classe d'ouvriers qui partagent ses fatigants travaux, n'ont dans les cinq sixièmes de la
France, que de l'eau et une eau souvent
insalubre, pour étancher une soif ardente ou réparer des forces épuisées?
Hélas! les chemins par lesquels ils passent et repassent cent fois l'année et qui,
dans l'inconcevable abandon où on les
laisse, ne peuvent seulement leur prêter
le moindre ombrage, ne demandent qu'à
se parer de ces arbres utiles dont le fruit
offre une boisson salutaire.

L'ancienne Normandie pourra donc
avoir la gloire d'envoyer ses nombreuses
colonies de greffes et de pepins à tous
les autres départements de la France. La
connoissance de la greffe étant aujour-

d'hui généralement répandue dans nos campagnes, nulle difficulté pour procréer et multiplier par-tout les meilleurs pommiers à cidre, auxquels on pourra réunir un grand nombre de ceux qui peuplent et les bois et les campagnes de tous les cantons, dont les fruits s'amélioreroient en peu de temps par les cultures, et qui même dans leur état sauvage, sont les plus propres à recevoir les greffes de tous les genres de pommiers.

Mais à ces arbres spiritueux dont l'on peut extraire des cidres, des eaux-de-vie, des vinaigres et des marcs nourrissants, on peut joindre un sixième d'arbres de nos vergers, pour augmenter et varier les floraisons, les jouissances et les usages à toutes les époques de l'année; ce mariage des races cultivées de nos jardins, avec les familles rustiques de nos champs et de nos forêts, relèvera agréablement la bonté des uns et l'utilité des autres; et tandis que le jus du pommier champêtre petillera gaiement dans nos verres, le fruit de son voisin ornera gracieusement nos corbeilles; un autre cachera agréablement sa pulpe exquise sous des rouleaux de pâte glacée. Ne craignons donc pas d'entremêler aux pommiers à cidre le volumineux calville rouge, les rambourgs gros et larges d'hiver et d'été, l'opulente famille des reinettes grises, blanches, jaunes, dorées et à côtes, et la pomme d'api aux couleurs vermeilles.

POIRIER.

La France est la vraie patrie du poirier, qui est celui de tous les arbres fruitiers que la nature a traité avec la plus somptueuse prodigalité : environ huit cents variétés composent déja son incomparable lignée, et offrent de toutes parts à l'homme, pour mille usages divers, leurs chairs sucrées.

Environ cent vingt sortes composent seulement encore le domaine de nos potagers et de nos vergers; les autres habitent l'air libre des plaines, des collines, des vallées et des forêts; toutes offrent dans leurs sucres, leurs chairs, ou leurs eaux prises simples ou mélangées, un usage nourrissant, spiritueux, salutaire, accompagné d'une jouissance plus ou moins exquise.

L'usage des délicieuses variétés de poires à couteau de nos vergers est généralement connu; presque tous nos départements tempérés et septentrionaux connaissent aussi le poiré ou vin de poires; mais le Calvados est encore celui qui possède les plus riches, les mieux choisies, celles qui composent les meilleurs poirés : c'est donc encore de lui que nous aurions à recevoir ces précieuses colonies végétales, que je comparerai à celles de ces anciens habitants du nord, qui abandonnèrent la populeuse Norwége, pour venir donner leur nom à la Normandie, et mêler leur sang avec le sang françois ; les greffes normandes viendroient ainsi faire alliance avec les fruitiers de nos campagnes et de nos forêts, s'enter sur leur cœur et adoucir à leur tour, dans leurs veines policées, le sang rustique de nos sauvageons.

Mais le poirier champêtre, qui produit avec la plus riche fécondité, et qu'on a jusqu'à présent trop peu apprécié, est le *Karasin ;* il porte plus constamment que la vigne, et produit jusqu'à dix mesures de cidre, c'est-à-dire la moitié du rapport moyen d'un arpent de vigne par année.

Nos sept cents sortes de poiriers champêtres pourroient, par la voie du semis et de la culture, perdre leur primitive âpreté, et gagner en pulpe et en saveur. Les poires, mélangées dans le même pressoir avec les pommes, augmenteroient, par leurs chairs plus sucrées, la bonté des cidres.

Il seroit bien à souhaiter, dans un temps où les progrès de la chymie ont suggéré à des hommes cupides l'art de faire des vins sans raisin, et de la bière sans orge ni houblon, par des procédés plus ou moins nuisibles à la santé; il seroit disons-nous, bien à souhaiter que les habitants des campagnes pussent trouver dans les plantations de leurs chemins, les fruits nécessaires à faire une boisson économique, corroborative et salubre, pour se garantir du dangereux usage de ces confections artificielles et onéreuses de toutes les manières aux bons ménages.

Je possédois dans mes vergers un de ces modestes poiriers ruraux, que l'on trouve en grand nombre dans les campagnes de l'ancienne Lorraine allemande, et qui paroît très répandu dans la plupart de nos départemens, puisque partout on trouve ce délicieux raisiné de poires (qui seroit mieux nommé poiré), et qu'on fait principalement du fruit de cet arbre.

Ce poirier que l'on nomme, dans la Meurthe, *Certeau,* que je n'ai trouvé défini dans aucun traité des poiriers, est d'un port agréable et régulier, et si robuste, qu'il brave les pluies et les sécheresses les plus longues; sa fertilité va jusqu'à la profusion; il a, comme le noyer de la Saint-Jean, l'avantage d'avoir une floraison tardive, mais il a sur l'autre encore celui de ne pas lâcher ses fruits par les plus grands vents. Ainsi sa récolte, qui se fait vers le commencement d'octobre, est annuelle et complète : voici ses usages ordinaires.

La poire de cet arbre, qui n'est ni cassante ni fondante, ne se sert pas sur nos tables : la nature, qui lui a prodigué le sucre, l'a destinée à des usages plus durables ; la chaudière, le four, la cuve et l'alambic, sont et doivent être chargés de ses métamorphoses.

Cette poire est si sucrée qu'elle donne au pressoir un véritable vesou. J'en ai fait du cidre, qui avoit acquis la saveur, la bonté et le pétillant du vin de Champagne mousseux. On pourroit, par un peu d'art, et le mélange de quelques aromates, imiter facilement avec les fruits les plus sucrés, les muscats de Lunel, de Frontignan et Rivesaltes, parmi l'espèce des cidres, et obtenir, sous cette forme, un riche objet de jouissance et de commerce.

Cette poire, séchée au four, alimente pendant l'année les ménages qui la possèdent ; ils la présentent sous cette forme comme un de leurs meilleurs desserts ; mais, cuite au lard, elle compose un des

des mets les plus friands des Allemands.
Comme elle est très nourrissante, la marine pourroit en tirer les secours les plus
importants : l'incorruptibilité dont elle
est douée, graces à son sucre confit dans
la pulpe même, la rend plus propre que
le biscuit à tous les voyages de long
cours. Son bouillon seroit agréable et salutaire aux malades, et sa chair cuite un
excellent corroboratif aux convalescents:
comme elle est un puissant antiscorbu-
tique, elle pourroit très économiquement
remplacer les tablettes à bouillon, et prévenir facilement les ravages que le sor-
but fait sur nos vaisseaux.

Réduite dans la chaudière en consis-
stance presque solide, elle remplace à
peu de frais dans les campagnes, le raisiné de la vigne, le miel odorant, les
confitures et les compotes friandes. Ce
poiré, s'il est bien fait, se conserve des
années, et compose seul avec le pain,

le repas frugal de nombre de familles :
c'est un mets de délices pour les enfants
des campagnes.

C'est encore ce poirier qui fournit les
délicieuses poires tapées, qui, artiste-
ment arrangées dans les caisses de nos
épiciers, le disputent aux figues de Provence, de Gênes et de la Calabre.

C'est avec les seules pelures des poires
à taper que l'on compose le sirop dans
lequel on plonge les poires pour les conserver, et leur donner en même temps ce
glacé agréable qui flatte la vue : ce sirop
pourroit déja, dans cet état, efficacement
remplacer celui de mélasse, employé à
grands frais dans la fabrication des ta-
bacs, pour conserver à cette poudre sa
pointe et son onctuosité : son parfum
même ne seroit pas ici désavantageux.

Voilà les propriétés et les usages d'un
seul poirier, sur huit cents variétés différentes, toutes plus ou moins sucrées;

combien les autres ne pourroient-elles pas ajouter à cette énumération !

Au certeau et au karasin, on pourroit allier sur nos chemins champêtres, les poiriers les plus fertiles de nos vergers : comme les sucrés verts, les rousselets de Reims, le doyenné blanc et gris, la bergamotte Suisse, la bergamotte Silvange, trouvée dans les bois du Pays-Messin, la pastorale, la merveille d'hiver, le bon chrétien d'hiver et l'impériale à feuilles de chêne, qui ajouteroient par la beauté et la saveur de leurs fruits à l'intérêt de ces plantations rurales.

Les nombreuses familles de poiriers, formant le meilleur fruit à pepin, produisent aussi le meilleur bois aux charpentiers de moulins, aux menuisiers, tourneurs, ébénistes, luthiers, relieurs et graveurs en bois : il absorbe la teinture noire avec une facilité si grande, qu'il s'identifie avec le plus bel ébène, et

se vend dans le commerce pour tel. Ainsi
au lieu d'acheter chèrement le bois d'é-
bène, qui nous vient des Indes, nous
pourrions au contraire, à l'aide de grandes plantations, en fournir un jour à nos
voisins, tout en voyant diminuer le prix
de nos propres meubles, qui seroient
encore plus beaux.

PRUNIER.

Le prunier, qui aime les climats tempérés, est venu de tous les pays rechercher le sol françois, comme celui où le
balancement heureux des saisons lui as-
suroit, par les températures moyennes,
la végétation la plus facile, la postérité
la plus florissante et la plus certaine.

Déja deux cent cinquante variétés, qui
rivalisent à l'envi, par le sucre ou le parfum de leurs eaux, la diversité de leurs
jolies formes, le doux velouté de leurs
couleurs nuancées, enfin par les diverses

époques de leurs fructifications, se trouvent répandues dans toute la France,
qui, trop long-temps indifférente, n'a
jusqu'à présent que foiblement apprécié
les avantages qu'elle peut en recueillir.

Le prunier est de tous les arbres celui
qui donne le fruit le plus sucré; jusqu'à
ce jour, on n'en a tiré d'autre parti que
d'en faire des confitures, des compotes,
des pruneaux et quelques eaux-de-vie
médiocres, quoiqu'il fût facile d'en
extraire des sirops aromatiques, et les
liqueurs les plus exquises.

Le drap d'or ou mirabelle double,
l'impériale violette, le damas drouay,
le damas d'Italie, le damas de maugeron,
le perdrigon normand, la grande reine-
claude, le damas de septembre, le gros
damas blanc, le perdrigon blanc, qui
donne les délicieuses prunes de Brignol-
les, le prunier d'abricotée, le diapré
rouge, la dame-aubert, le perdrigon

rouge, la prune de Chypre, la prune de Suisse, l'impératrice blanche, l'impératrice violette ou la *Queutche*, la reine des prunes, sont les espèces les plus fertiles et les plus abondantes en parfums et en eaux sucrées.

On voit en Allemagne, et sur-tout dans le Wurtemberg, tous les chemins plantés avec le plus grand soin, en arbres à fruits les plus recherchés : comme la police relative à leur conservation est fort sévère, ces plantations, qui donnent une physionomie charmante au pays, sont non seulement très respectées, mais encore considérées comme un bienfait vivant de l'administration.

Je dois remarquer ici, que lorsqu'il fut une fois question de planter les chemins dans les départements du Mont-Tonnerre, du Haut et du Bas-Rhin, les pépinières des meilleurs arbres à fruit se multiplièrent comme par enchantement.

Chargé moi-même, en 1804, de la plantation des chemins du côté de Spire et de Landau, je pus choisir les plus belles greffes et les meilleurs fruits. La plupart des propriétaires riverains avoient montré d'abord une aversion si obstinée pour cette utile opération, que plusieurs allèrent jusqu'à se permettre de cultiver l'intérieur des chemins que je venois de faire planter, et auxquels j'avois rendu les formes et les dimensions qu'ils devoient avoir d'après l'esprit de la loi; mais lorsque ces mêmes riverains virent quelques années après, ces plantations qu'ils avoient repoussées dans le début, leur sourire et par les fleurs et par de beaux fruits, alors ils finirent par louer une administration qui avoit confié au temps, le soin de justifier sa sollicitude.

Puisque le spiritueux prunier ne refuse aucune terre, et qu'à l'instar du cerisier, du noyer, du pommier et du poirier, il demande à revêtir nos chemins champêtres de tous les charmes de Flore, de tous les présents de Pomone et de Vertumne, appelons ses aimables tribus autour de nous; que celle qui sourira par les premières fleurs, aux doux rayons de l'année renaissante, présente la ceinture des Graces à ses compagnes plus tardives, pour qu'elles s'en parent successivement pendant le cours des plus belles lunes, jusqu'à l'entière révolution du brillant automne.

Le Saint-Julien, la cerisette et la prune d'œuf sont les trois pruniers qui ont reçu de la nature le don et la fonction importante, de recevoir et de transmettre les plus belles greffes; le Saint-Julien et la prune d'œuf jaune, pour les grosses espèces, et la cerisette, pour les plus délicates.

Nos chemins ruraux devant dans leur régénération, devenir une image vivante

du bon goût et de l'intelligence ; le châtaignier greffé et le mûrier perfectionné,
qui se chargent annuellement de riches
trésors, pourront donner les derniers
traits d'utilité et de dignité à ces routes
pastorales et réfléchir vers les habitations, les douces idées d'aisance et de
bonheur qu'elles n'ont point encore su
goûter, ni même imaginer. Cette funeste
inertie, effet de l'insouciance des particuliers comme de l'insuffisance de la
législation, a jusqu'à présent enchaîné
l'industrie des campagnes ; et ces chemins si intéressants sont restés dans l'état
où les siècles barbares et de successives
dévastations nous les ont transmis.

Mais qu'on se représente la France
agréablement entrecoupée par deux
cent mille lieues de chemins champêtres, plantés en arbres fruitiers, et dont
le cours formant le plus riche labyrinthe, se croise mille fois, et n'est inter-

rompu que par cette multitude innombrable de villes, de bourgs et de villages. Qu'on se figure une double ligne de pommiers conduisant à travers le riche domaine des champs jusqu'à la lisière d'un bois silencieux, d'où l'on sortiroit par une allée de pruniers en dirigeant ses pas vers l'étang solitaire et pacifique; un chemin de cerisiers dessine les gracieux contours des prés pour arriver aux fraîches Naïades des fontaines; d'un autre côté, des allées de mûriers vont caressant et contournant les habitations; une route de poiriers aboutit à un lac spacieux ou au fleuve poissonneux; là deux rangs de noyers bordent le coteau cher à Bacchus; enfin une avenue de châtaigniers monte et descend les collines, et vous guide dans le fond du vallon jusqu'au modeste hameau, pour charmer sa solitude.

Qu'au retour du printemps, toutes ces

routes pastorales soient chargées de fleurs
de toutes les nuances, de tous les parfums; qu'au milieu d'une atmosphère
embaumée, l'homme ivre de plaisirs et
d'espérances, voie les nombreuses tribus
d'oiseaux et d'insectes de toutes les formes, de tous les plumages, impatients de
la tardive verdure des prés et des bois,
voler de toutes parts, qu'il les entende
préluder à leurs amours par leurs bour-
donnements joyeux et par de tendres
concerts.

Qu'en même temps le berger parcoure,
avec sa flûte et son troupeau, l'allée des
cerisiers, des poiriers ou des châtaigniers; le pasteur, avec son chalumeau
et ses vaches, l'allée des pommiers ou des
noyers; le chevrier, avec sa musette, celle
des mûriers ou des pruniers. Quel tableau vif et animé, quel spectacle pour
l'homme ami de ses semblables, combien
sur-tout il doit avoir de charmes pour

le laboureur qui contemple ses champs enfin abrités, et espère en de précoces récoltes! C'est alors que rempli de sensations douces, il trace gaiement les longs sillons, et revient le soir sans presque sentir sa fatigue.

Ainsi, après avoir joui pendant près de deux mois des somptueuses floraisons, et respiré une atmosphère de parfums suaves, vulnéraires et préservateurs des nombreuses maladies qui nous poursuivent, nous serons bientôt témoins d'autres métamorphoses; les nectaires sucrés des fleurs se fermeront à l'avide et industrieuse abeille; leurs liqueurs nourricières s'épancheront dans le sein des milliers d'embryons, dont la puissante chaleur du soleil développera les formes moelleuses, et apprêtera les chairs mélangées de sucres et de parfums, tout en les parant de l'éclat des plus brillantes couleurs.

Alors Vertumne et Pomone, flattés
de voir l'empire des vergers s'étendre le
long de nos chemins, et s'unir au domaine des autres déités tutélaires des
champs, offriront annuellement et sans
interruption, depuis juin jusqu'à la fin
d'octobre, leurs dons aussi riches que
variés, leurs ombres rafraîchissantes,
leurs abris bienfaisants.

On conçoit quelle physionomie intéressante ces belles et productives plantations pourront donner à nos campagnes ; quelle influence heureuse, deux
cent soixante millions d'arbres pareils,
disséminés avec cette uniformité sur
toute la surface de la France, pourroient,
avec nos montagnes forestières, exercer
sur tous les météores aqueux ; mais combien sur-tout un si prodigieux nombre
de conducteurs électriques diviseroit et
neutraliseroit la foudre dévastatrice.
Ainsi les nuées orageuses de l'atmosphère

se trouveroient affranchies de ces éléments de mort qu'elles promènent sur
nos craintives habitations.

Notre labyrinthe, plus vaste, plus magnifique que ceux de l'Égypte et de l'île
de Crète, qui ne communiquoient souvent que par des chemins souterrains et
tortueux, à des palais secrets et ignorés,
unira au contraire, nos habitations par
des voies pastorales, dont les limites s'an-
nonceroient et par des repos offerts
aux promeneurs et par l'opposition des
fruits; de sorte que d'un côté, une allée
de noyers, de pommiers ou de poiriers
viendra, au nom d'une commune, faire
alliance avec une autre allée de cerisiers,
de pruniers, de châtaigniers de la commune voisine; et lorsque le voyageur parcourant ces routes avec enchantement,
sera incertain sur celle qu'il doit suivre.
il trouvera à chaque extrémité une colonne milliaire, d'une architecture sim-

ple qui lui dira s'il doit prendre pour guides la voie des cerisiers, le chemin des pommiers, la route des poiriers ou l'allée des pruniers.

Ces vues, déjà publiées en 1802, ont été réalisées en partie dans beaucoup de départements. Feu M. *Lezay de Marnesia*, préfet du Bas-Rhin, qui a été un des plus grands administrateurs qu'ait encore eus ce pays, avoit non seulement déjà fort avancé la plantation de tous les chemins en arbres fruitiers ; mais il avoit aussi, dans son amour pour la chose publique, décoré les grandes routes de ces colonnes milliaires, d'un style noble et sévère, ainsi que de bancs, placés à des distances régulières, pour reposer le voyageur. On reconnoît à ces soins un magistrat éminemment philanthrope, et l'aspect des contrées où il a exercé son autorité bienfaisante, offre, en caractères durables, des attestations de son amour pour ses administrés.

Digression peut-être utile sur le sucre européen.

Une des époques les plus remarquables de la fin du dix-huitième siècle, est celle où l'Europe a commencé à s'apercevoir enfin, que ce n'est point au seul et fragile roseau, qui dévore depuis des siècles les hommes dans des contrées lointaines, que la nature a privativement confié ce suc gracieux qui, se transformant sous mille couleurs, sous mille formes diverses, communique à tous les aliments qu'il touche, ou avec lesquels il se confond, une saveur si exquise.

L'intelligente abeille nous montre, depuis la création, que ce suc existe dans la pluralité des végétaux. Il est certain qu'il n'y a aucune latitude du globe qui ne possède quelque végétal à sucre : l'herbe douce, l'*heracleum sibiricum* des Kamtschadales, qui a la douceur du sucre même, en est si pourvue, qu'elle forme l'assaisonnement principal de tous leurs mets : aussi les Russes, qui avec plus de connoissances l'ont mieux appréciée, ont-ils appris à leurs compatriotes du nord à en tirer des liqueurs spiritueuses.

L'érable et le bouleau sur-tout, qui se montre jusqu'au soixante-dixième degré nord, prouvent également cette assertion. Ayant présenté les poiriers et les pruniers comme des arbres à sucre, j'avois envoyé, en 1800, à l'Institut royal et au Ministère de l'intérieur, un mémoire, en réponse au rapport que la classe des sciences mathématiques et physiques avoit daigné me faire passer, concernant les expériences, répétées d'après celles faites par M. Achard (de Ber-

lin), sur le sucre contenu dans la betterave.

Comme j'ai été un des premiers François qui se soit livré, avec un abandon
tout patriotique, à l'extraction du sucre
indigène, je crois pouvoir offrir quelques faits positifs sur cet important sujet, éminemment national s'il en fut jamais, et qui a été considéré avec autant
de dédain qu'il auroit mérité d'intérêt.

A M. Achard appartient incontestablement l'honneur d'avoir reproduit,
avec un heureux éclat, la découverte,
faite cinquante-six ans avant par un
autre chimiste allemand, de la présence
du sucre dans la betterave, en quantité
assez grande pour en mériter l'extraction : c'est assurément un titre bien digne
de la reconnoissance publique, et auquel
le blocus continental ajouta tout le prix
des circonstances du temps. L'Europe,
sans colonies (et à cette époque l'Angle-

terre les possédoit seule), alloit s'affranchir d'un tribut annuel d'au moins *trois cents millions en écus,* en tarissant en même temps les larmes que la canne à sucre faisoit couler en Afrique et en Amérique.

Ce ne fut qu'en 1810, et à la sollicitation de plusieurs de nos savants respectables, toujours si remplis d'amour pour leurs pays, que le Gouvernement françois fit un appel de zèle et de dévouement à tous les propriétaires éclairés, pour les engager à se livrer à la conquête du sucre indigène. Cet appel électrisa un grand nombre de bons esprits, et dès le commencement de 1811, des champs immenses étoient déja ensemencés en betteraves; trois cents fabriques sur pied, et trente millions versés dans ces établissements.

Cependant, cet art si précieux d'extraire d'une plante indigène un sucre en tout semblable à celui de la canne, étoit encore à créer. Les procédés d'une fabrication sûre et économique étoient encore inconnus. On avoit à comparer le mérite des différentes variétés de racines sucrées : il falloit étudier les terres les plus propres à leur culture, avec le meilleur mode de semer et de cultiver les racines (1). Ces fabriques nouvelles, qui ont été dans leur origine, l'objet de la prévention la plus désespérante, rencontroient aussi, dès leur naissance, un écueil invisible, que le charme d'un nom, justement loué, rendoit presque inévitable.

M. Achard, savant estimable, mais qui ne pouvoit pas posséder tous les mérites, avoit suivi dans l'extraction du sucre un

____

(1) J'ai adressé en 1812 au ministère de l'intérieur, un tableau comparatif des sept variétés de racines à sucre, avec l'état de leurs produits relatifs.

procédé timide, et, je dois le dire, une marche trop chymique : car l'homme, pour les choses qu'il a fortement à cœur, trouve souvent dans son instinct et dans son tact, des indications supérieures à celles de la science même : les plus grandes découvertes dans les arts ont cette origine commune ; le génie invente, et souvent la science perfectionne.

Le Gouvernement, écoutant le juste desir qu'il avoit de guider les premiers pas des particuliers dans cette importante entreprise, et supposant, avec raison, que M. Achard devoit, par dix ans de travaux, avoir acquis une expérience certaine, fit publier et répandre, en 1811, les procédés de ce savant étranger : c'étoit présenter un phare d'autant plus dangereux qu'une confiance naturelle y conduisoit, et peu des fabriques qui ont eu le malheur de suivre cette direction trop aveuglément, sont parvenues à surgir au port.

On travailla pendant près de trois ans dans le dédale de l'incertitude, avant d'atteindre le procédé fixe d'une extraction prompte, économique et sûre. Un grand nombre d'hommes instruits, pleins du desir patriotique de voir réaliser cette conquête nationale, publièrent des écrits que recommandent des recherches précieuses sur cet intéressant sujet; mais il arriva dans cette circonstance, ce qui arrive ordinairement aux hommes qui courent avec trop d'ardeur après un grand résultat : on tourne sans cesse autour de la vérité, tandis qu'elle nous sourit souvent du milieu du cercle que notre imagination décrit. Enfin, songeant à cette idée si simple, que le sucre de betterave étoit, en toute chose, parfaitement identique avec celui de la canne, on aperçut et on adopta tout-à-coup la fabrication de l'Amérique, dont les procédés étoient justifiés par plus d'un siècle de succès : on y ajouta l'emploi du charbon animal, et cette même fabrication américaine se trouva perfectionnée entre nos mains.

Telle a été la marche suivie dans le département de la Meurthe, dans les fabriques de Mont-Plaisir, près de Nancy ; dans celle de Pont-à-Mousson, et dans la mienne à Vergaville. Nous sommes parvenus par des procédés simples, à obtenir, à la quatrième année, les sucres bruts, d'une beauté égale aux plus beaux sucres de la Jamaïque, et en général d'une pureté et d'une qualité supérieures à ceux de l'Amérique, puisque les nôtres perdoient moins au raffinage.

Le produit étoit également satisfaisant : un quintal ancien de betteraves nous donnoit déjà cinq livres de sucre ;

et il étoit facile de prévoir que, le râpage
et le pressage recevant des perfectionne-
ments, ce résultat pouvoit encore augmenter de moitié : ainsi un million pesant
de betteraves pourroit produire soixante
milliers de sucres bruts, outre douze
mille pintes d'eau-de-vie que nous obte-
nions par la distillation des mélasses et
de tous les autres résidus qui appartiennent à ce genre de fabrication (1).

En Amérique, plusieurs siècles ont été
nécessaires pour amener la fabrication
du sucre de la canne au point où on la
voit aujourd'hui.

En Allemagne, l'établissement des pre-

----

(1) Je dois citer ici M. de Dombasle, propriétaire de la fabrique de Mont-Plaisir : cet homme
estimable, rempli de solides connoissances, est un
de ceux qui a fait faire les plus grands pas à cette
science nouvelle.

mières sucreries indigènes datoit déja de dix ans avant les nôtres, et les procédés y étoient encore dans l'enfance.

En France, au contraire, quatre années de travail ont suffi pour amener ces procédés au point où l'on peut dire que la fabrication du sucre européen est aujourd'hui au moins aussi parfaite, que celle du sucre d'Amérique.

A cette époque où l'on venoit enfin de parvenir, par les travaux les plus opiniâtres, les sacrifices les plus étendus, et il faut le dire le patriotisme le plus soutenu, à vaincre des difficultés jugées d'abord insurmontables, et à assurer au continent une production qui l'avoit tenu tributaire pendant deux siècles, vinrent la guerre de Russie, le bouleversement général de l'Europe, et les deux invasions, qui anéantirent, en France seulement, trois cents de ces précieux établissements, et 3o millions de fonds qu'ils avoient exigés (1)!

(1) Ayant écrit, avant 1800, sur les végétaux à sucre, circonstance que maintenant je suis forcé de regarder comme un malheur, je fus pressé, entraîné en 1811, par l'administration, à concourir à un but aussi national. Le besoin si doux et si naturel de se rendre utile à la chose publique, que je servois déja depuis trente ans avec zèle, fut l'unique sentiment qui m'entraîna aux premiers sacrifices; mais une fois engagé dans cette lutte difficile et dispendieuse, je m'aperçus qu'on ne pouvoit plus reculer sans se perdre, et qu'il falloit ou vaincre ou succomber. Toute ma fortune fut donc consacrée avec une patriotique confiance, à remplir avec dévouement la tâche que j'avois acceptée; mais les grands événements politiques dont je viens de parler occasionèrent ma ruine entière.

La perte totale de ma fortune devint la cause d'une autre perte plus accablante encore : celle de mon fils unique.... Le seul bien qui me restoit sur la terre! Il succomba à la profonde douleur de voir son père dans l'accablement et l'abandon, pour avoir cherché à servir son pays....

Pour apprécier l'importance de ces fabriques, il faut considérer que la France seule consomme déja plus de 3o millions de livres de sucre : c'est en y ajoutant la consommation des rhums, un objet de dépense annuelle de 5o millions, qui doivent chaque année en sortir, sous une forme quelconque.

Comme il n'appartient qu'au Gouvernement de décider sous quels rapports les colonies qui nous restent peuvent et doivent être envisagées aujourd'hui, je me bornerai à présenter une foible esquisse des avantages que la fabrication du sucre indigène pourroit répandre en France, comme dans tout le reste de l'Europe.

J'ai remis, en 1815, au ministère de l'intérieur, un travail, en forme de tableau, qui démontroit de quelle importance il étoit de soutenir cette mémorable découverte.

Deux cents fabriques, pouvant travailler chacune facilement sur cinq millions de betteraves, suffiroient pour produire les trente millions de sucres raffinés qui se consomment dans le royaume; mais cette même fabrication devant aussi produire pour vingt millions de rhums et d'eaux-de-vie pures et saines, permettroient d'arrêter la distillation des grains, et de laisser aux riches distilleries du Midi le moyen d'exporter leurs eaux-de-vie, et d'importer annuellement environ dix millions des pays étrangers.

Il résulteroit de cet état de choses la conservation en France d'environ cinquante millions, que coûtent chaque année les sucres et les rhums, qu'il faut payer, soit en écus, soit en objets d'échanges; la possibilité de vendre à des voisins moins actifs pour une somme notable de superflu de ces produits de notre industrie (1); l'avantage de faire cultiver annuellement un million d'arpents de terres laissées en jachères; d'engraisser, avec trois cents millions de marcs, soixante mille bœufs de plus; d'employer utilement deux ou trois cent mille pères de famille avec leurs enfants; d'ajouter enfin un grand degré de prospérité à l'agriculture, comme à tous les arts et métiers.

C'est cette série de biens, qui se communiqueroit ensuite à toutes les branches de l'industrie française, que le Gouvernement peut réaliser aussitôt qu'il prononcera le mot : *Je le veux*.

---

(1) Les Hollandois nous vendent déjà depuis plusieurs années, ainsi qu'à différents autres peuples, leurs sucres de betteraves, comme des sucres d'Amérique.

FIN DU PREMIER VOLUME.

TABLE DES CHAPITRES

FIN DE LA TABLE.